Bibliografische Information der Deutschen Nationalbibliothek:

Die Deutsche Bibliothek verzeichnet diese Publikation in der Deutschen Nationalbibliografie; detaillierte bibliografische Daten sind im Internet über http://dnb.d-nb.de/ abrufbar.

Impressum:

Druck und Bindung: Books on Demand GmbH, Norderstedt Germany
ISBN: 9783668622463

Dieses Buch bei GRIN:

https://www.grin.com/document/383479

Michael Neumann

Fluoreszenz-Polarisations-Immunoassay für die Detektion von Koffein in Tee und Tee-Extrakten

GRIN Verlag

Hochschule für Technik und Wirtschaft Berlin

Fachbereich Ingenieurwissenschaften II

Entwicklung eines Fluoreszenz-Polarisations-Immunoassays für die Detektion von Koffein in Tee und Tee-Extrakten

Bachelorarbeit

im Studiengang
"Life Science Engineering"

vorgelegt von
Michael Neumann

Berlin, 19. August 2017

Inhaltsverzeichnis

I. Abkürzungsverzeichnis

A-CAF	Antikörper gegen Koffein
BSA	Bovine Serum Albumin
CAF	Koffein
D	Dunkelspannung
ΔP	Änderung der Polarisation in mP
F-CAF	Fluoreszenzmarkiertes Koffein
FP470	Fluoreszenz-Spektrometer
FPIA	Fluoreszenz-Polarisations-Immunoassay
H	Horizontal eingestellter Polarisator
UHPLC	Ultra High Performance Liquid Chromatography
LHW03	Liquid Handling Workstation
PBS	Phosphate Buffered Saline
PMT 1	Photomultiplier Tube 1
PMT 2	Photomultiplier Tube 2
RP	Reaktionspuffer
RT	Raumtemperatur
SBG	Sample Background
V	Vertikal eingestellter Polarisator
VE-Wasser	Vollentsalztes Wasser
VH	Vertikal eingestellter Polarisator und horizontal eingestellter Emissionspolarisator
VV	Vertikal eingestellter Polarisator und Emissionspolarisator

II. Abbildungsverzeichnis

III. Tabellenverzeichnis

1 Einleitung

Koffein ist ein Xanthinalkaloid, welches natürlich in über 60 verschiedenen Pflanzen vorkommt z.B. in Kakaobohnen, in Teeblättern und in der Kolanuss. Es wurde erstmals 1820 von Friedlieb Ferdinand Runge aus Kaffeebohnen gewonnen und 1895 von Emil Fischer synthetisiert [1].

Koffein hat eine anregende Wirkung und zählt daher zu den Stimulantien. Es kommt nicht nur natürlich vor, sondern wird außerdem pharmazeutisch in Form von Tabletten und Pulver verwendet z.B. bei der Beseitigung von Ermüdungserscheinungen und zur Behandlung von Migräneanfällen. Auf Grund der stimulierenden Wirkung wird Koffein auch in Getränken (z.B. in Energy Drinks) zugesetzt.

Die Wirkung des Koffeins ist abhängig von der Dosis. In geringen Mengen (ca. 50 -150 mg) kommt es zu einer anregenden Wirkung. Der Blutdruck und der Herzschlag werden erhöht, dadurch werden Ermüdungserscheinungen beseitig und die Konzentration und die Aufmerksamkeit erhöht. In höheren Dosen (ab 150 mg) kommt es zu einer erregenden Wirkung auf die Atmung und des Kreislaufes. Es kann zu unangenehmen Nebenwirkungen wie Händezittern und Druck in der Herzgegend kommen. Die letale Dosis beim Menschen liegt zwischen 5 und 30 g [1].

Koffein kann mit Hilfe verschiedener chromatographischer Verfahren nachgewiesen werden. Bevorzugt werden die High Performance Liquid Chromatography und die Gaschromatographie, sowie Kopplungen dieser Verfahren mit der Massenspektrometrie. Mittlerweile stehen auch Immunoassays zur Verfügung, deren Grundlage die Antikörper-Antigen-Reaktion bilden.

In dieser Arbeit wurde ein, zu den antikörperbasierenden Screening Verfahren zählender, kinetischer Immunoassays verwendet, welcher zur Detektion die Fluoreszenz-Polarisation nutzt. Dieses Verfahren wurde von der delta AG entwickelt um Mykotoxine in Getreide nachzuweisen. Das Biotechnologie Unternehmen hat sich auf den Nachweis von Mykotoxinen mittels eines Fluoreszenz-Polarisations-Immunoassay spezialisiert und ist auf dem Campus-Buch in Berlin ansässig.

Ziel dieser Arbeit ist es, in Kooperation mit der Phytolab GmbH & Co. KG, ein Assay zu entwickeln, welches für den Nachweis von Koffein in Tee und Tee-Extrakten geeignet ist. Die Phytolab GmbH & Co. KG stellt Tee und Tee-Extrakte her und führt die Bestimmung des Koffeingehaltes mittels Ultra High Performance Liquid Chromatography (UHPLC) für die Qualitätskontrolle durch [2]. Ein Nachteil dieser Methode ist allerdings, dass sie sehr zeit- und kostenintensiv ist. Immunoassays, wie das Fluoreszenz-Polarisations-Immunoassays (FPIA), benötigen keine Reinigungsschritte oder aufwendige Probenvorbereitungen und ermöglichen Analysen innerhalb weniger Minuten und können somit Zeit und Kosten sparen [3].

2 Theoretische Grundlagen

2.1 Grundlagen zur Fluoreszenzpolarisationsspektroskopie

Fluoreszenz ist die spontane Emission von Photonen. Stoffe, die fluoreszieren können, werden als Fluorophore bezeichnet. Werden Fluorophore mit Licht angeregt, werden die Elektronen durch die Absorption der Strahlung auf ein höheres Energieniveau (S_1 oder S_2) gehoben. Da dieser Zustand nicht stabil ist, fallen die Elektronen wieder zurück in den Grundzustand (S_0). Bei der Fluoreszenz erfolgt zunächst ein strahlungsloser Übergang (z.B. Wärme) vom S_2- Niveau zum S_1- Niveau. Danach erfolgt, durch Emission eines Photons, der Übergang vom S_1 - Niveau zum S_0 - Niveau [4]. Bei diesen Vorgängen ist die Energie des emittierenden Photons geringer als die des absorbierten Photons. Daraus ergibt sich, dass die Wellenlänge des Fluoreszenzlichtes größer ist als die des Anregungslichtes ist. Dieser Unterscheid zwischen den Wellenlängen wird als Stokes-Shift bezeichnet [5]. Die Elektronenübergänge sind graphisch im Jablonski-Diagramm in Abb. 1 dargestellt.

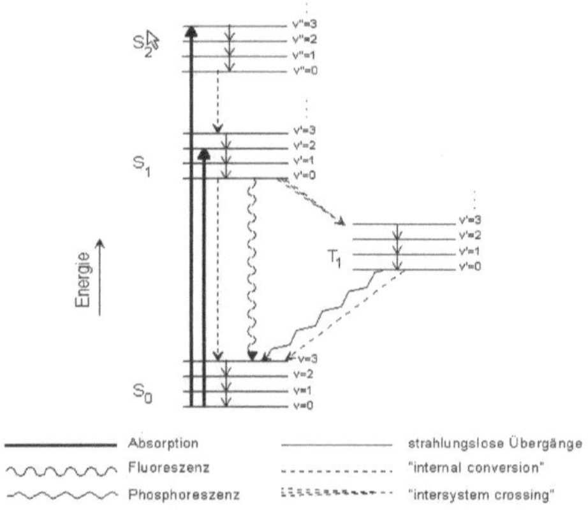

Abbildung 1: vereinfachtes Jablonski Diagramm[6]

Neben der Anregungs- und Emissionswellenlänge sind auch die Quantenausbeute und die Fluoreszenzlebensdauer wichtige Eigenschaften des Fluorophors. Die Fluoreszenzlebensdauer beschreibt die durchschnittliche Zeit, in der ein angeregtes Molekül im angeregten Zustand verbleibt bevor es wieder in den Grundzustand zurückfällt. Die Fluoreszenzlebensdauer liegt durchschnittlich bei 10^{-9} s. Die Quantenausbeute beschreibt das Verhältnis der emittierten Photonen zur Anzahl der absorbierten Photonen. Je größer die Quantenausbeute ist, desto heller ist die Fluoreszenzemission [5].

Bei der Fluoreszenz ist linear polarisiertes Licht ein wichtiger Faktor, da durch linear polarisiertes Licht die Fluoreszenz ausgelöst wird. Die Schwingungsrichtung von natürlichem Licht ist in der Regel unpolarisiert. Eine Methode zur Polarisation ist die Doppelbrechung in bestimmten Kristallen (z.B. Kalkspat). Das einfallende unpolarisierte Licht, wird durch diese Kristalle in zwei Strahlen aufgeteilt, in einen unpolarisierten Strahl und einen polarisierten Strahl. Eine andere Methode ist die Verwendung von Polarisationsfilter. Diese lassen Licht nur in einer Schwingungsrichtung passieren [5].

Lichtquellen wie z.B. Glühlampen geben polychromatisches Licht ab. Für die Selektion definierter Wellenlänge werden Interferenzfilter verwendet, welche im Idealfall alle Wellenlängen, außer der gewünschten, auslöschen [5].

Für die Bestimmung der Polarisation wird das Fluoreszenzlicht in zwei unterschiedlichen Schwingungsebenen gemessen. Einmal in der Schwingungsebene in der die Anregung erfolgt und einmal in einem Winkel um 90° verdrehten Ebene. Die Messung der Fluoreszenz erfolgt in einem Winkel von 90° zur Anregungsquelle um sicherzustellen, dass keine transmittierte Strahlung auf den Detektor trifft. Die Anregung erfolgt dabei vertikal zur Ebene, auf der sich die Komponenten befinden. Die Detektion erfolgt vertikal (V) und horizontal (H) zur Ebene. Für die Berechnung der Polarisation wird folgende Formel angewendet:

$$P = \frac{I_{VV} - I_{VH}}{I_{VV} + I_{VH}} \qquad \text{(Gleichung 1)}$$

Die Polarisation ist eine dimensionslose Größe, welches das Verhältnis von den Lichtintensitäten wiedergibt. Bei den Intensitäten (I) steht der erste Index für die Schwingungsebene des Anregungslichtes und der zweite Index für die Schwingungsebene des Fluoreszenzlichtes. I_{VV} ist die Intensität bei vertikaler Anregung und vertikaler Detektion, I_{VH} ist die Intensität bei vertikaler Anregung und horizontaler Detektion. Die Polarisation bekommt die Scheineinheit „P" und wird häufig in mP angegeben [5].

Des Weiteren ist die Polarisation abhängig von der Temperatur (T), der Viskosität (η) der Lösung und der Größe des Fluorophors (A). Kleine Fluorophore haben eine Polarisation von 20 – 35 mP, je nach Lösemittel und Temperatur. Große Proteinkomplexe haben eine Polarisation von ca. 400 mP bis 500 mP. Je viskoser das Lösungsmittel desto größer ist die Polarisation. Bei steigender Temperatur oder Fluoreszenzlebensdauer nimmt die Polarisation ab. Von Bedeutung ist auch die Lebensdauer des angeregten Zustandes (τ). Mit der allgemeinen Gaskonstante (R) ergibt sich nach Perrin folgende Gleichung [5].

$$\left(\frac{1}{P}\right) - \left(\frac{1}{3}\right) = \left(\frac{1}{P_0}\right) - \left(\frac{1}{3}\right) * \left(1 + \frac{\tau * R * T}{\eta * A}\right) \qquad \text{(Gleichung 2)}$$

Werden zwei Detektoren verwendet, wie bei der T-Anordnung wo die beiden Signale (VH und VV) gleichzeitig bestimmt werden, können bei der Messung Abweichungen auftreten. Im Idealfall sollten die

Detektoren die gleichen Werte liefern. Um nicht-ideales Verhalten auszugleichen wird ein Faktor (G-Wert) bestimmt. Er wird mithilfe des horizontalen Anregungspolarisators bestimmt. Der G-Wert wird nach folgender Gleichung bestimmt.

$$G = \frac{I_{HV}}{I_{HH}}$$

(Gleichung 3)

Der G-Wert ist vom Gerät abhängig und muss vor jeder Messung separat ermittelt werden. Im Idealfall sollte der $G = 1$ sein.

2.2 Grundlagen eines Immunoassays

2.2.1 Aufbau von Antikörpern

Antikörper sind lösliche Immunglobuline (Ig), die in Wirbeltieren als Reaktion von bestimmten Stoffen (Antigenen) gebildet werden. Alle Antikörper bestehen aus zwei identischen schweren und zwei identischen leichten Ketten, die jeweils variable und konstante Abschnitte besitzen. Die Ketten sind so angeordnet, dass sich ein Y-förmiges Molekül ergibt. Die leichten Ketten können in zwei Isotype unterteilt werden, dem Typ kappa (κ) und lambda (λ). Bei den schweren Ketten gibt es fünf Isotypen, die als μ, α, δ, ϒ und ε bezeichnet werden. Daraus ergeben sich die fünf Hauptklassen der Immunglobuline, die als IgA, IgM, IgD, IgE und IgG bezeichnet werden. Der am häufigsten vorkommende Antikörper ist der IgG, dessen Aufbau in Abb. 2 dargestellt ist.

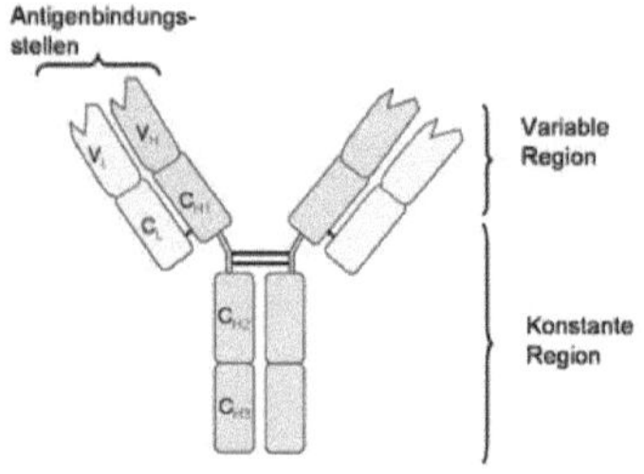

Abbildung 2: Schematischer Aufbau des IgG [8]

Der IgG besteht aus zwei identischen schweren und zwei identischen leichten Ketten, die über Disulfidbrücken miteinander verbunden sind. Jede Kette besteht aus einer Reihe von ähnlichen Sequenzen aus ca. 110 Aminosäuren. Diese Abschnitte werden als Proteindomänen bezeichnet. Die leichten Ketten bestehen aus je zwei Domänen und die schwere Kette aus vier Domänen. Die variablen Domänen der schweren (V_H) und der leichten (V_L) Ketten bilden die variable Region und die konstanten Domänen der schweren Kette (C_{H1}-C_{H3}) und der leichten (C_L) Kette bilden die konstante Region. Die variable Region des

Antikörpers verleiht ihm die Fähigkeit Antigene zu binden [7].

2.2.2 Antigen-Antikörper-Bindung

Als Antigene werden Stoffe bezeichnet, die beim Eindringen in den Körper eine Immunreaktion auslösen und somit zur Bildung von Antikörpern führen, die spezifisch gegen diese Strukturen gerichtet sind. Antigene besitzen kleine Bereiche an denen der Antikörper binden kann, diese werden Epitope genannt. An der Bindung zwischen Antigen und Antikörper sind verschiedene Kräfte beteiligt, wie die Van-der-Waals Kräfte, hydrophobe Kräfte, elektrostatische Kräfte und Wasserstoffbrückenbindungen. Die Antigen-Antikörper-Bindung ist reversibel und kann z.B. durch hohe Salzkonzentrationen oder starke pH-Wert Änderungen gestört werden [7].

Es kann vorkommen, dass verschiedene Antigene ähnliche Epitope besitzen. Der spezifische Antikörper kann in diesem Fall an verschiedene Antigene binden. Man spricht in diesem Fall von einer Kreuzreaktion. Kreuzreaktionen können bei immunologischen Tests zu falsch-positiven Reaktionen führen. Sie können allerdings auch erwünscht sein z.B. sind Kreuzreaktionen bei einigen Impfungen Grundlage der therapeutischen Wirkung. [9].

2.2.3 Immunoassays

Durch Immunoassays können Antigene in einer flüssigen Lösung durch Bildung eines Antigen-Antikörper–Komplexes nachgewiesen werden. Immunoassays können in kompetitive und nicht kompetitive Immunoassays unterteilt werden. Beim kompetitiven Assay konkurriert das Antigen in der Probe (unmarkiertes Antigen) mit dem markierten Antigen um die Bindungsstelle des Antikörpers. Wird die Konzentration des Antikörpers und die des markierten Antigens in dem Assay konstant gehalten, kann man die Menge des unmarkierten Antigens in der Probe bestimmen. Je höher die Konzentration des unmarkierten Antigens ist, desto mehr markiertes Antigen wird von der Bindungsstelle des Antikörpers verdrängt. Dies führt zu einem schwachen Signal. Eine geringe Konzentration des unmarkierten Antigens in der Probe führt demnach zu einem starken Signal. Das Assay wird für die Bestimmung von niedermolekularen Analyten verwendet [10].

Beim nicht kompetitiven Assay, auch als Sandwich-Assay bezeichnet, werden zwei Antikörper benötigt, die das Antigen erkennen. Das Antigen muss dabei über zwei verschiedene Epitope verfügen, damit die beiden Antiköper, ohne sich zu behindern, an das Antigen binden können. Zunächst wird einer der beiden Antikörper an eine feste Phase immobilisiert, danach wird die Probenlösung mit dem Antigen zugegeben. Das Antigen bindet nun an den Antikörper und die Probenlösung wird entfernt. Anschließend wird der zweite Antikörper in gelöster Form auf die feste Phase gegeben. Der zweite Antikörper bindet jetzt ebenfalls an das Antigen. Dadurch, dass der zweite Antikörper markiert wurde, kann er nachgewiesen und quantifiziert werden. Der Antikörper kann aber auch über ein markiertes Reagenz nachgewiesen werden

[10].

Des Weiteren kann man Immunoassays in homogene und heterogene Assays unterteilen. Beim homogenen Immunoassay werden im Gegensatz zum heterogenen Immunoassay keine Waschschritte benötigt. Dadurch sind homogene Immunoassays einfacher in der Handhabung und liefern die Ergebnisse innerhalb weniger Minuten. Allerding sind durch das Verbleiben aller Probenbestandteile in der Lösung die homogenen Immunoassays nicht so sensitiv wie heterogene Immunoassays [11].

2.3 Grundlagen zur Messung mittels delta System

Mit dem vom delta entwickelten Verfahren können die zu untersuchenden Analyte mittels kompetitiven Immunoassays analysiert und mit Hilfe der kinetischen Fluoreszenzpolarisation detektiert werden. Die Analysen mit den delta Assays sind schnell und einfach in der Handhabung. Bei den Assays handelt es sich um homogene Assays, daher sind keine Immobilisierungs- und Waschschritte notwendig. Der kompetitive Immunoassay besteht aus einem Antikörper, dem Antigen, sowie dem fluoreszenzmarkierten Antigen. Beim delta Verfahren ist die Polarisation direkt von der Molekülgröße des Fluorophors abhängig. Deshalb müssen Temperatur und die Viskosität der Lösung immer gleich sein. Die kleinen Moleküle (ungebundenes, fluoreszenzmarkiertes Antigen) werden durch das linear polarisierte Licht angeregt, rotieren schnell und haben zum Zeitpunkt der Emission einen niedrigen Polarisationswert. Große Moleküle, wie das an den Antikörper gebundene floureszenzmarkierte Antigen, rotieren langsamer und haben daher einen höheren Polarisationswert. Wenn kein Antigen in der Probe vorhanden ist, dann bindet das fluoreszenzmarkiere Antigen an den Antikörper und führt auf Grund der niedrigen Rotation zu einem hohem Polarisationsgrad. Ist in der Probe allerdings ein Antigen vorhanden, bindet das Antigen der Probe an den Antiköper und das fluoreszenzmarkierter Antigen bindet kaum oder nicht an den Antikörper. Dadurch, dass das Antigen mit dem floureszenzmarkierte Antigen um die Bindungsstelle am Antikörper konkurriert, ist die gemessene Polarisation vom Verhältnis der Menge des gebundenen und des ungebundenen Fluorophors abhängig. Die Volumina des Fluorophors, des Antikörpers und der Probe sind bei der Messung bekannt und immer gleich. Dadurch kann anhand des gemessenen Polarisationsgrades die Konzentration des Analyten in der Probe bestimmt werden. Zuvor muss allerdings eine Kalibrierung mit bekannten Konzentrationen erstellt werden. Die Auswertung erfolgt dann mit Hilfe der deltamycontrol Software [23].

2.3.1 Aufbau und Funktionsweise der Liquid Handling Workstation LHW 03

Die delta Liquid Handling Workstation (LHW03) ist ein von delta entwickelter Pipettierroboter, der die Analyse mit dem deltaspectromterFP470 automatisiert. Nur die Probenvorbereitung, das Bestücken des Probenracks (Abb.3) und die Bedienung der Software müssen vom Anwender vorgenommen werden. Der LHW03 kann die Pipettenspitze in drei Raumrichtungen bewegen und verfügt über zwei Pumpen, einer Kolbenpumpe für kleine Volumina und einer Schlauchpumpe für große Volumina.

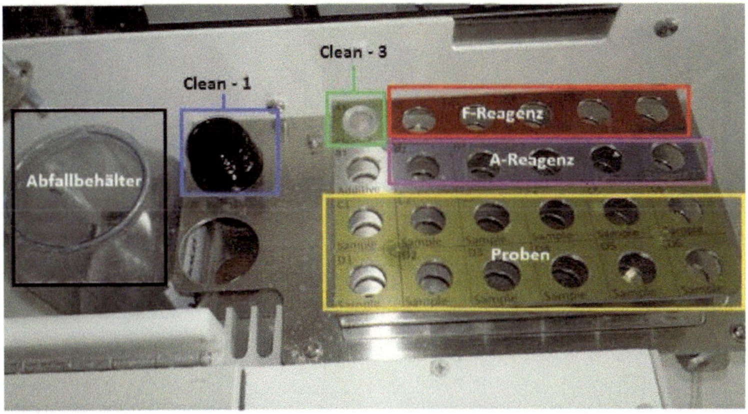

Abbildung 3: Draufsicht auf das Probenrack

Das Probenrack bietet Platz für je fünf F- und A- Reagenzien, zwölf Proben und falls benötigt Platz für ein Additiv. Auf der Clean-1 Position befindet sich ein mit Methanol gefülltes Gefäß. Vor jeder Messung wird aus dem Clean-1 Gefäß Methanol auf die Clean-3 Position überführt. Während der Messung wird die Pipettenspitze mehrmals in das mit Methanol gefüllte Clean -3 Gefäß getaucht, um sicherzustellen, dass keine Verunreinigungen zwischen den einzelnen Reagenzien verschleppt werden. Nach jeder Messung wird das Clean-3 geleert und in den Abfallbehälter überführt. Der Abfallbehälter muss manuell vom Benutzer entleert werden.

2.3.2 Aufbau und Funktionsweise des deltaspectrometerFP470

Mit Hilfe des deltaspectrometesFP470 findet die Messung zur Bestimmung der Analytkonzentration statt. Abbildung 4 zeigt das Spektrometer mit Küvette und dem drehbaren Polarisator. Der Polarisator kann manuell gedreht werden. Zur Homogenisierung der Probe befindet sich ein Magnetrührer in der Küvette. Durch den Einlass im Deckel (Tubus) können die Lösungen bei zugeklapptem Deckel in die Küvette pipettiert werden. Der Tubus ist so aufgebaut, dass während der Messung kein Streulicht oder Fremdpartikel in die Küvette gelangen kann.

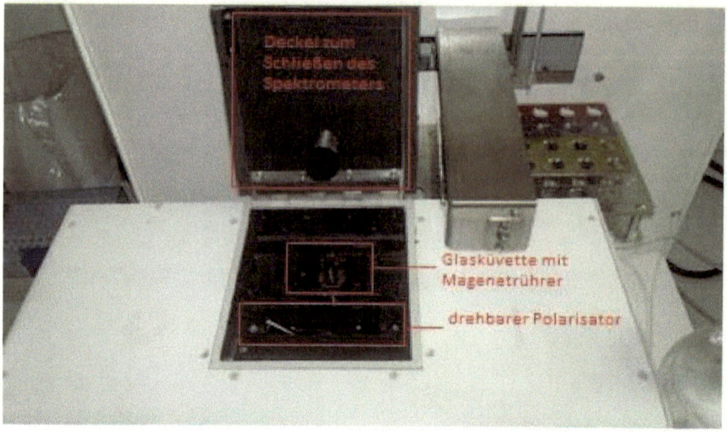

Abbildung 4: deltaspektrometer FP470 mit Küvette und drehbaren Polarisator

Das deltaspectrometerFP470 wurde für die Durchführung von zeitabhängigen Fluoreszenz-Polarisations-Messungen in Echtzeit entwickelt. Das deltaspectrometerFP470 detektiert in der T-Anordnung, so dass zwei Signale gleichzeitig gemessen werden können, ohne dass der Anregungspolarisator gedreht werden muss. Das Spektrometer ist für den Einsatz von Fluorescein-Labels optimiert. Die Probenkammer, in der sich die Küvette befindet, ist auf 25°C temperiert. Das deltaspectromterFP470 wird gesteuert durch die deltamycontrol Software. In Abb. 5 ist der schematische Aufbau das deltaspectrometersFP470 dargestellt.

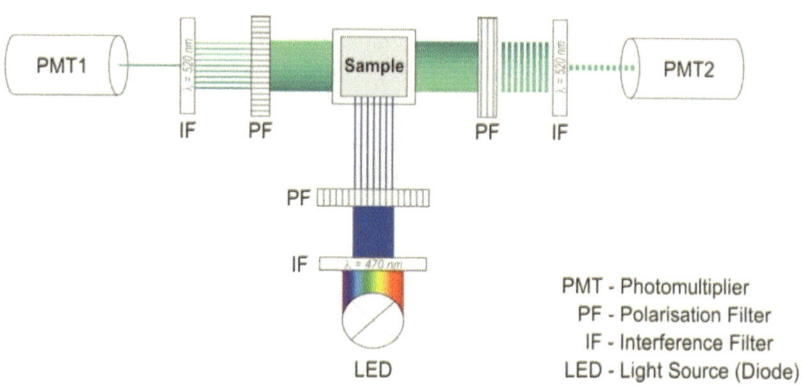

Abbildung 5: Schematischer Aufbau des deltaspectrometerFP470 **[5]**

Das Licht einer Leuchtdiode (LED) wird durch einen Interferenzfilter (IF) bei einer Wellenlänge von λ = 470 nm (Anregungswellenlänge von Fluorescein) und eines Polarisationsfilters (PF) gefiltert bevor es auf die Probe (Sample) trifft. Die emittierte Fluoreszenz wird in einem 90° Winkel auf beiden Seiten detektiert. Auf beiden Seiten trifft die Strahlung wieder auf einen Polarisationsfilter, wobei der eine Polarisationsfilter auf die vertikale Polarisationsrichtung (links) und der andere auf die horizontale Polarisationsrichtung (rechts) eingestellt ist. Die emittierte Fluoreszenz wird dann über einen Interferenzfilter bei einer Wellenlänge von λ = 520 nm (Emissionswellenlänge von Fluorescein) gefiltert und anschließend an den Detektoren (Photomultiplier Tube) detektiert. Die deltamycontrol Software stellt die Messung der beiden Detektoren, PMT 1 und PMT 2 grafisch dar.

2.4 Zielstellung

Ziel dieser Arbeit ist ein Fluoreszenz-Polarisations- Immunoassay zu entwickeln um Koffein in Tee und Tee-Extrakten nachweisen zu können. Zunächst soll ein geeigneter Antikörper für das Assay gefunden werden. Anschließend wird die Kreuzreaktion des Antikörpers auf Theophyllin, Theobromin und Catechin untersucht. Danach wird der Koffeingehalt verschiedener Tee und Tee-Extrakte bestimmt und die Ergebnisse mit den Ergebnissen einer der Ultra High Performance Liquid Chromatographie verglichen. Des Weiteren wird die Stabilität der Reagenzien bei verschiedenen Lagerbedingungen untersucht.

3 Material

3.1 Materialien und Geräte

Gerät/Material	Hersteller
Analysenwaage AT261	Mettler Toledo
Eppendorf Reference Pipette (500 - 2500 µL)	Eppendorf
Eppendorf Research Pipette (100 - 1000 µL)	Eppendorf
Eppendorf Research Pipette (10 - 100 µL)	Eppendorf
Fluoreszenz-Spektrometer 470 (Nr. 1531)	Delta AG
Glasküvette	Delta AG
Liquid Handling Workstation LHW03 (Nr. 1430)	Delta AG
Magnetrührer	Delta AG
Reaktionsgefäß (2 mL)	Eppendorf
Röhrchen (50 mL, 15 mL)	Greiner
Sterilfilter Filtropur V100 (Ø 0,2 µm)	Sarstedt
Tisch Waage EW 3000	Kern
Vortexer REAX 2000	Heidolph

3.2 Chemikalien

Chemikalien	Lot Nummer	Bezugsquelle
Bovine Serum Albumin	#100M7690V	Sigma Life Science
(+)-Catechin hydrate > 96%	#BCBL629V	Fluka Analytical
F-CAF ($c = 2{,}04 * 10^{-8}$ M)		delta AG
F-CAF ($c = 1{,}41 * 10^{-3}$ M)		delta AG
Koffein-Stammlösung (c=58376 nM)		delta AG
Methanol Grade A		delta AG
Natriumazid	2CB131116	emp
Reaktionspuffer	002001210714015	delta AG
Theobromin > 99,0 %	P50023	Roth
Theophyllin	P 500 23	Fluka Analytical
Thiomersal	3V004520	AppliChem
30 % Glycerol/ 70 % 1x Phosphatpuff		delta AG

3.3 Verwendete Antikörper

Bezeichnung des Antikörper	Konzentration	Art
G115EG12 alpha CAF	1 mg/ mL	monoklonal
G115ED4 alpha CAF	1 mg/ mL	monoklonal
G115EH2 alpha CAF	0,95 mg/mL	monoklonal

4 Methoden

4.1 Allgemeine Durchführung des delta Verfahrens

4.1.1 Die delta mycontrol Software

Die deltamycontrol Software wird für die Steuerung des Spektrometers und der LHW benötigt. Mit der Software können verschiedene Arten von Messungen durchgeführt werden. Für die Versuche wurden die Softwareapplikationen „routine measurment", „calibration measurment" und „approve calibration" verwendet und werden im Folgenden kurz beschrieben:

„Routine measurement"

Für eine automatisierte Messung, bei der die LHW das Pipettieren übernimmt, ist im „routine measurement", der Modus „automated" zu wählen. Anschließend kann das entsprechende Assay ausgewählt werden. Die einzelnen Schritte sind bei jeder Messung im Wesentlichen gleich und werden im Folgenden kurz beschrieben:

1. Test auf Vorhandensein einer Küvette (Signalaufnahme für 10 s)
2. Reinigung der Küvette, Füllen des Clean-3 Gefäßes mit Methanol aus dem Clean-1 Vorratsgefäß, Vorlage des Reaktionspuffers in die Küvette (Signalaufnahme für 10 s)
3. Zugabe der Probe (200 µL) sowie 100 µL Reaktionspuffer (Signalaufnahme für 10 s)
4. Zugabe von 100 µL F-Reagenz und 100 µL Reaktionspuffer (Signalaufnahme für 10 s)
5. Zugabe von 100 µL A-Reagenz und 100 µL Reaktionspuffer, Beginn der kompetitiven Reaktion (Zeit der Signalaufnahme ist abhängig vom Analyten)
6. Entleeren der Küvette und des Clean-3 Gefäßes

Am Ende der Messung wird der Inhalt der Küvette und des Clean-3 Gefäßes in das Abfallgefäß überführt. Das Abfallgefäß muss vom Anwender, bei Bedarf, selbst entleert werden. Der Anregungspolarisator befindet sich während der gesamten Messung in vertikaler Stellung. Bei jeder Messung wird der Reaktionspuffer im Überschuss dazugegeben um zu gewährleisten, dass die Antigen-Antikörper- Reaktion immer im gleichen pH-Wert abläuft.

Während der Messung wird der Verlauf der Intensitäten beider Detektoren (PMT1 und PMT2) direkt in der Software angezeigt. Ein beispielhafter Verlauf ist in Abb. 6 dargestellt.

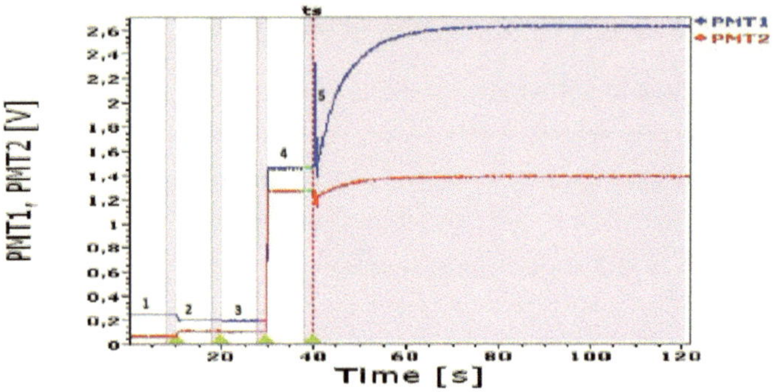

Abbildung 6: Signalintensität beider Detektoren (PMT 1 und PMT 2) am Beispiel einer Koffeinmessung (Standard 125 nM, Probenvolumen 200 µL) über die gesamte Messdauer

Des Weiteren kann im „Routine measurement" der Modus „automated calibration" ausgewählt werden. Hier können Kalibrierungen erstellt werden. Der einzige Unterschied zum „automated"-Modus ist, dass am Ende der Messung der Anregungspolarisator gedreht werden muss.

„Calibration measurement"

Im „Calibration measurement" können die einzelnen Messungen aus dem Modus „Automated Calibration" zu einer Kalibrierung zusammengestellt werden. Hier können auch bereits erfolgte und gespeicherte Messungen grafisch dargestellt und ausgewertet werden.

„Approve Calibration"

In diesem Menü können Messungen manuell d.h. ohne Verwendung der LHW durchgeführt werden z.B. bei Titrationsmessungen. Des Weiteren wird hier die Überprüfung der Kalibrierung vorgenommen. Die einzelne Messung der Kalibrierung werden dazu in die Kalibrierung hochgeladen und überprüft, ob die Soll Konzentration auch die Konzentration ist, die in der Kalibrierung angezeigt wird. Ist dies bei allen Messungen der Fall, wird die Kalibrierung freigegeben.

4.1.2 Bestimmung der Konzentration mittels deltamycontrol Software

Das Spektrometer verwendet zur Detektion zwei Detektoren (Photomultiplier Tubes, kurz PMTs). Die beiden Detektoren (PMT1 und PMT2) unterscheiden sich in der Stellung der Emissionspolarisatoren. Ist dieser parallel zum Anregungspolarisator gestellt heißt das Signal VV (PMT1); ist dieser senkrecht zum Anregungspolarisator eingestellt, heißt das Signal VH (PMT2). Mithilfe dieser Signale können die Größen, die für die Auswertung benötigt werden, berechnet werden. Da bestimmte Geräteteile ein nicht-ideales Verhalten aufweisen, müssen folgende Korrekturen vorgenommen werden.

Nullpunktkorrektur der Detektoren

Beide Detektoren sollen bei identischer Strahlung null messen, deshalb wird eine Nullpunktkorrektur durchgeführt. Dafür wird eine schwarze Pappe zwischen Lichtquelle und Anregungspolarisator gestellt. Das Signal, welches dabei mit der Software erfasst wird, wird als Dunkelspannung (D) bezeichnet. Da die Nullpunktkorrektur unabhängig von der Probe und der Stellung des Polarisators ist, ist sie eine individuelle, instrumentenabhängige Konstante. Die Dunkelspannung mit korrigiertem Signal zu einer beliebigen Zeit berechnet sich wie folgt:

$VV_{t\text{-}D} = VV_t - VV_D$ = PMT1 (Gleichung 4)

$VH_{t\text{-}D} = VH_t - VH_D$ = PMT2 (Gleichung 5)

VV_t bzw. VH_t = Signal zu beliebiger Zeit

VV_D bzw. VH_D = Dunkelspannung des jeweiligen Detektors

Bei Messungen mit der LHW werden die Ergebnisse automatisch mit der Dunkelspannung korrigiert, da die Dunkelspannung immer konstant bleibt. Werden Messungen ohne den LHW durchgeführt, wird die Dunkelspannung zu Beginn der Messung bestimmt.

Korrektur der Optik

Mithilfe des G-Wertes, wird die Optik der Detektoren korrigiert. Der G-Wert lässt sich für verschiedene messspezifische Stellen (x) wie folgt berechnen:

$$G_x = \frac{HV_{x\text{-}D}}{HH_{x\text{-}D}} \quad \text{(Gleichung 6)}$$

mit HV = PMT 1, HH = PMT 2und x = 1,2 oder 3

Grundsätzlich werden nur die VH-Signale (PMT2) G-korrigiert. Die zuvor dargestellte Gleichung lässt sie wie folgt umformulieren:

$$VH_{(t\text{-}D)G} = VH_{t\text{-}D} * G_x \quad \text{(Gleichung 7)}$$

Die G-Werte lassen sich mithilfe der deltamycontrol Software unter dem Menü „automated calibration" bestimmen. In der Regel ist der G - Wert nicht von der Signalintenstiät abhängig, weshalb bei der Aufnahme einer Kalibrierung nur ein G - Wert bestimmt wird. Da dies aber nicht immer zutrifft, können drei G-Werte bestimmt werden: der G_1 - Wert wird während der Messung des Probenhintergrundes (Sample Background (SBG)) bestimmt; der G_2 – Wert wird während der Zugabe des Fluoreszenzlabels (Baseline) bestimmt; der G_3 – Wert wird am Ende der Reaktion bestimmt. Es können alle Größen (P, ΔP, I) als G_2 – Wert korrigiert ausgegeben werden. Da es messtechnischer sinnvoller und einfacher ist den G_3 – Wert zu messen, weil dieser am Ende der Messung bestimmt wird, wird dieser gleich dem G_2 – Wert gesetzt. Die Voraussetzung dafür ist, dass die Intensitäten (I) unabhängig voneinander sind [5].

Berechnung der Signale

Im Folgenden werden die Signale beschrieben, die für die Auswertung benötigt wurden. Die verwendeten Signale sind die Polarisation (P) und die Änderung der Polarisation (ΔP) und die Fluoreszenzintensität (I).

In der Regel werden zur Auswertung die SBG und G_2-Wert korrigierte Werte benutzt. Für die Polarisation (P) ergibt sich:

$$P(SBG, G_2) = \frac{(VV_{t\text{-}D} - VV_{SBG\text{-}D}) - [G_2 * (VH_{t\text{-}D} - VH_{SBG\text{-}D})]}{(VV_{t\text{-}D} - VV_{SBG\text{-}D}) + [G_2 * (VH_{t\text{-}D} - VH_{SBG\text{-}D})]} \quad \text{(Gleichung 8)}$$

Für die Bestimmung der Analyt-Konzentration verwendet die Software ΔP-Werte verwendet, die ebenfalls SBG und G_2-Wert korrigiert sind. Für die Änderung der Polarisation (ΔP) ergibt sich:

$$\Delta P(SBG, G_2) = P(SBG, G_2)_t - P(SBG, G_2)_{Fx} \quad \text{(Gleichung 9)}$$

Eine weitere benötigte Größe ist die Fluoreszenzintensität (I), welche wie folgt berechnet wird:

$$I = VV_{t\text{-}D} + 2 * VH_{t\text{-}D} \quad \text{(Gleichung 10)}$$

Die SBG und G_2 Wert Korrektur für die Fluoreszenzintensität ergibt folgende Gleichung

$$I(SBG, G_2) = (VV_{t\text{-}D} - VV_{SBG\text{-}D}) + 2 * [G_2 * (VH_{t\text{-}D} - VH_{SBG\text{-}D})] \quad \text{(Gleichung 11)}$$

Bestimmung der Analyt-Konzentration

Zur Bestimmung der Analyt Konzentration muss zuvor eine Kalibrierung mit bekannten Standard-Konzentrationen erstellt werden (siehe Abb. 7 A). Nach der Kalibrierung wird eine Zeitspanne ($t_1 - t_2$) festgelegt in der die Gleichgewichtsreaktion stabil ist (siehe Abb. 7 B). Bei der Messung werden alle ΔP-Werte bestimmt, die in dieser Zeitspanne liegen und lädt diese dann in die Kalibrierung hoch und bestimmt die dazugehörigen Konzentrationen. Alle Konzentrationen werden anschließend gemittelt und mit einem Toleranzbereich angegeben, wie z.B. z.B. $c = 125\ {}^{+15,1}_{-15,2}$ nM (siehe Abb. 7A).

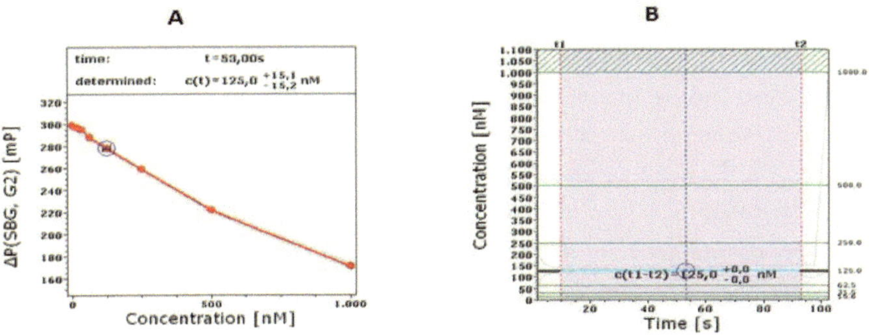

Abbildung 7: Darstellung eines Messpunktes bei einen bestimmten Zeitpunkt in der Kalibrierung (A) und Lage des Messpunktes über der Zeit dargestellten Konzentration (B),am Beispiel einer Kalibrierungsmessung bei Koffein bei einer Konzentration von 125

4.2 Titration der Antikörper

Mit Hilfe der Titration wurden drei Antikörper auf ihre Eignung für das Assays bestimmt. Hierbei wurde die Aktivität und die Sensitivität des Antikörpers untersucht. Dazu wurde eine definierte Menge an fluoreszenzmarkierten Antigens (F-CAF) vorgelegt und mit der Antikörper-Lösung titriert. Durch die Titration kann das Volumen bestimmt werden, welches für die kompetitive Reaktion zwischen dem Antigen in Probe, dem fluoreszenzmarkierten Antigen und dem Antikörper notwendig ist. Des Weiteren kann mit der Titration ermittelt werden wie Sensitiv der Antikörper ist. Dazu wurde die Titration mit verschiedenen Koffeinkonzentrationen durchgeführt.

Da für die Titration nur sehr kleine Volumina der Antikörper zur Verfügung standen, wurden alle drei Antikörper zunächst mit einem 30 % Glycerin / 70 % Phosphatpuffer 1:10 verdünnt. Die Titration wurde im Menüpunkt „approve calibration" manuell (ohne den LHW) durchgeführt. Zuerst wurden 2200 µL Reaktionspuffer (RP) und 300 µL VE-Wasser in die Glasküvette vorgelegt und die Küvette mit dem Magnetrührer ins deltaspectrometerFP470 gestellt. Der Anregungspolarisator wurde auf vertikal gedreht und die Messung gestartet. Um die Dunkelspannung zu messen, wurde zwischen der Lichtquelle und dem Anregungspolarisator eine schwarze Pappe gestellt. Danach wurde die schwarze Pappe entfernt und der Probenhintergrund gemessen. Nach Aufnahme des Probenhintergrundes wurde der Anregungspolarisator auf horizontal gedreht um den G_1 – Wert aufzunehmen. Danach wurden 100 µL F-CAF ($c = 2{,}04 * 10^{-8}$ M) hinzu pipettiert und der G_2 – Wert gemessen. Anschließend wurde der Anregungspolarisator wieder auf vertikal gedreht und der Fluoreszenzanstieg (Baseline) gemessen. Nach der Messung der Baseline wurde der verdünnten Antikörper in kleinen Schritten (1 µL, 2 µL, 2 µL, 5 µL, 10 µL, 20 µL, usw.) in die Küvette hinzu pipettiert. Nach jeder Zugabe wurden ca. 100 Sekunden gewartet, damit die Reaktion ihr Gleichgewicht erreichen konnte. Es wurde solange Antikörper zugegeben bis keine Änderung der Intensität mehr zu erkennen war. Am Ende der Messung wurde der Anregungspolarisator auf horizontal gedreht, damit der G_3-Wert gemessen werden konnte. Anschließend wurde die Titration mit Vorlage verschiedener Koffeinkonzentrationen wiederholt. Dazu wurden anstatt der 300 µL VE-Wasser 100 µL VE-Wasser und 200 µL der Koffeinlösung mit bekannter Konzentration verwendet. Die Koffeinlösungen wurde aus der Koffeinstammlösung ($c = 28376$ nM) nach dem Schema in Tab. 1 hergestellt.

Tabelle 1: Übersicht der hergestellten Koffeinlösungen

Probe	Menge an Stammlösung in µL	Menge an VE-Wasser in µL	Koffeinkonzentration in der Probe in nM	Koffeinkonzentration in der Küvette in nM
1	916	1084	13000	1000
2	91	1909	1300	100
3	11	1989	162,5	12,5

4.3 Erstellung einer Testkalibrierung

Mit den beiden Antikörpern G115EG12 und G115ED4 wurde je eine Kalibrierung erstellt. Durch die Titration wurde ermittelt, dass ein Antikörpervolumen von 7 µL beim AK G115EG12 und ein Antikörpervolumen von 40 µL beim AK G115ED4 für die kompetitive Reaktion zwischen dem Antigen, dem fluoreszenzmarkierten Antigen und dem Antikörper notwendig sind. Die Assays für delta sehen ein Antikörper-Volumen von 100 µL vor, deshalb wurden die beiden Antikörper so verdünnt, dass in den 100 µL Antikörper–Volumen 7 µL bzw. 40 µL Antikörper vorhanden sind. Der Antikörper G115EG12 wurde 1:14 und der AK G115ED4 wurde 1:2,5 mit dem 30 % Glycerin /70 % 1x Phosphatpuffer verdünnt. Anschließend wurden aus der Koffeinstammlösung (c = 28376 nM) Kalibrierlösungen nach dem Schema in Tab. 2 hergestellt. Es wurden von jeder Kalibrierlösung 2000 µL hergestellt. Da die Proben bei den delta Assays in der Küvette 1:13 verdünnt werden (200 µL Probe auf 2600 µL Gesamtvolumen) müssen die Konzentrationen in der Probe 13-fach höher konzentriert sein.

Tabelle 2: Übersicht über die hergestellten Kalibrierlösungen

Bezeichnung der Kalibrierlösung	Menge an Stammlösung in µL	Menge an VE-Wasser in µL	Koffeinkonzentration in der Probe in nM	Koffeinkonzentration in der Küvette in nM
CAL 0	-	2000	0	0
CAL 1	1832	168	26000	2000
CAL 2	916	1084	13000	1000
CAL 3	458	1542	6500	500
CAL 4	229	1771	3250	250
CAL 5	114	1886	1625	125
CAL 6	57	1943	813	63
CAL 7	28	1972	406	31
CAL 8	14	1986	203	16

Die Kalibrierung mit dem Antikörper G115EG12 wurde mit den Kalibrierlösungen CAL 0 bis CAL 6 durchgeführt. Beim Antikörper G115ED4 wurde die Kalibrierung mit der Kalibrierlösung CAL 0 und den Kalibrierlösungen CAL 2 bis CAL 8 durchgeführt.

4.4 Stabilitätstest der F-CAF und A-CAF Reagenzien

Um Kenntnisse über die Stabilität der Reagenzien zu erhalten, wurde ein Stabilitätstest über 30 Tage mit den A- und F-CAF Reagenzien durchgeführt. Dieser Test ist notwendig um korrekte und genaue Analysen zu gewährleisten, wenn nicht jeden Tag eine Kalibrierung erstellt wird. Da der Antikörper G115EG12 am geeignetsten erschein, wurde sich entschieden mit diesem Antikörper weiterzuarbeiten.

Da bei allen Versuchen die Reagenzien dieselbe Charge haben sollten, wurden die F-CAF und die A-CAF Reagenzien in ausreichender Menge neu hergestellt. Die Lösungen wurden nach der delta Vorschrift angesetzt. Es wurden je ca. 600 mL A-CAF und F-CAF Lösung hergestellt. Von der F-CAF Lösung mit einer Ausgangskonzentration von $c = 1{,}41 * 10^{-3}\mathrm{M}$ wurden zunächst 10 µL entnommen und mit 990 µL des 30% Glycerin/70% 1xPhosphatpuffer verdünnt und gut vermischt. Von dieser Verdünnung wurden 960 µL entnommen und mit 8640 µL 30%Glycerin/70%1xPhosphtpuffer verdünnt und wieder gut vermischt. Von dieser Verdünnung wurden 9 mL entnommen und mit 612,9 mL des 30% Glycerin / 70 % 1xPhosphatpuffer verdünnt. Es wurden 621,9 mL F-CAF mit einer Konzentration von $c = 2{,}04 * 10^{-8}$ M hergestellt. Vom A-CAF wurden ebenfalls ca. 600 mL hergestellt. Von der Antikörperlösung des Antikörpers G115EG12 (1 mg/mL) wurden 4,4 mL entnommen und mit 615,6 mL des 30% Glycerin/70% 1xPhosphatpuffer verdünnt. Zur Lösung wurden anschließend 0,620 g Bovine Serum Albumin (BSA) gegeben um den Antikörper über längere Zeit in de Lösung stabil zu halten. Zusätzlich wurden 0,1% Natriumazid und 0,02% Thiomersal zur Lösung dazugegeben. Anschließend wurde die Antikörperlösung mit dem Filtropur V100 1L Vaccuum Filter sterilfiltriert. Die F-CAF Lösung erhielt die Lot Nummer: 0151002303152004 die A-CAF Lösung erhielt die Lot Nummer: 015100230315003. Mit den neuen Reagenzien wurde anschließend eine neue Kalibrierung erstellt. Die Kalibrierung wurde wie unter 4.2 beschrieben durchgeführt. Die Kalibrierung wurde jeden Tag überprüft und bei Bedarf neu erstellt.

Für den Stabilitätstest wurde zunächst mit den neu hergestellten F-CAF (LOT: 0151002303152004) und A-CAF (LOT: 015100230315003) Lösungen eine Blank-Messung durchgeführt (Tag 1). Von der A-CAF Lösung wurden je 5 mL auf zwei Greiner-Röhrchen aufgeteilt. Ein Röhrchen wurde bei 4 °C im Kühlschrank gelagert, das andere Röhrchen wurde bei RT im Labor gelagert. Dasselbe wurde mit der F-CAF Lösung wiederholt. Zusätzlich wurden die beiden Röhrchen mit dem F-CAF mit Aluminiumfolie umwickelt um ein Ausbleichen durch Lichteinstrahlung zu verhindern. Über einen Zeitraum von 30 Tagen wurde mit den Reagenzien eine Blankmessung durchgeführt. Um die Stabilität der F-CAF Reagenzien zu überprüfen wurde aus der Software die Intensität in Volt nach Zugabe des F-CAF Reagenz abgelesen. Für die Stabilität des A-CAF Reagenz wurde aus der Software der ΔP (SBG, G2) in mP am Ende der Gleichgewichtsreaktion abgelesen.

4.5 Untersuchung auf Kreuzreaktionen

Bei Immunoassays kann es gelegentlich zu unerwünschten Kreuzreaktionen mit strukturell ähnlichen Substanzen kommen. Die Kreuzreaktivität wurde deshalb für die mit Koffein strukturähnlichen Stoffe Theobromin und Theophyllin, sowie dem im Tee häufig vorkommenden (+) -Catechin untersucht. Dazu wurde zunächst aus allen drei Substanzen eine Stammlösung hergestellt. Aus den Stammlösungen wurden dann Verdünnungsreihen erstellt und anschließend im „routine measurement" gemessen. Die Messungen wurde dann in Kalibrierung des Antikörpers G115EG12 hochgeladen und die Konzentration in nM abgelesen. Anschließend wurde die Kreuzreaktivität mit folgender Formel bestimmt:

$$Kreuzreaktivität\ [\%] = \frac{Istkonzentration}{Sollkonzentration} * 100\ \% \qquad \text{(Gleichung 12)}$$

Für die Theobromin-Stammlösung wurden 15,2 mg Theobromin eingewogen und in 50 mL VE-Wasser gelöst. Um sicherzugehen, dass sich das Theobromin vollständig im VE-Wasser gelöst hat, wurde die Lösung für 30 Minuten bei 60 °C ins Ultraschallbad gestellt. Anschließend wurde die Theobromin-Stammlösung 1:100 verdünnt. Ausgehend von dieser verdünnten Stammlösung wurde die Verdünnungsreihe wie folgt hergestellt:

Tabelle 3: Übersicht der Verdünnungsreihe für Theobromin

Verdünnung	Menge der verdünnten Stammlösung in µL	Menge an VE-Wasser in µL	Soll-Konzentration in der Küvette in nM
1	1540	460	1000
2	770	1230	500
3	385	1615	250
4	192	1808	125
5	96	1904	62,5

Für die Theophyllin-Stammlösung wurden 18,6 mg Theophyllin eingewogen und mit 50 mL VE-Wasser verdünnt. Danach wurde die Lösung für 30 Minuten bei 60°C im Ultraschallbad erwärmt. Danach wurden 100 µL von der Stammlösung entnommen und mit 10 mL VE-Wasser verdünnt. Ausgehend von dieser Stammlösung wurde die Verdünnungsreihe wie folgt hergestellt:

Tabelle 4: Übersicht der Verdünnungsreihe für Theophyllin

Verdünnung	Menge der verdünnten Stammlösung in µL	Menge an VE-Wasser in µL	Soll-Konzentration in der Küvette in nM
1	1258	742	1000
2	629	629	500
3	314	314	250
4	157	157	125
5	78	78	62,5

Für die (+) -Catechin-Stammlösung wurden 3 mg (+) -Catechin eingewogen und mit 100 mL VE-Wasser verdünnt und anschließend für 60 Minuten bei 60 °C ins Ultraschallbad gestellt. Danach wurde wie folgt aus der Catechin-Stammlösung eine Verdünnungsreihe hergestellt:

Tabelle 5: Übersicht der Verdünnungsreihe für (+)-Catechin

Verdünnung	Menge der verdünnten Stammlösung in µL	Menge an VE-Wasser in µL	Soll-Konzentration in der Küvette in nM
1	242	1758	1000
2	121	1879	500
3	60	1940	250
4	30	1970	125
5	15	1985	62,5

4.6 Bestimmung der Koffeinkonzentration in verschiedenen Teeproben

Um zu untersuchen ob das Assay richtige und präzise Ergebnisse liefert, wurde bei verschiedenen Teeproben die Koffeinkonzentration bestimmt. Es wurden sechs verschieden Teeproben von der Phytolab GmbH & Co. KG zur Verfügung gestellt. Die Proben bestanden aus zwei Tee-Aufgüssen, zwei Tee-Extrakte und zwei entkoffeinierten Tee-Extrakten. Alle Proben wurden an drei aufeinander folgenden Tage gemessen und anschließend die Ergebnisse mit den Messergebnissen von Phytolab verglichen. Die Phytolab GmbH & Co. KG hat die Koffeinkonzentration mittels UHPLC bestimmt. In Tabelle 5 ist eine Übersicht der von Phytolab zur Verfügung gestellten Teeproben zu finden. Des Weiteren wurde, um Matrixeinflüsse auszuschließen, bei allen Proben an allen Tagen eine Verdünnungsreihe erstellt.

Tabelle 6: Übersicht über die von der Phytolab GmbH & Co. KG zur Verfügung gestellten Teeproben

Tee-Nr.	Bezeichnung des Tees	Koffeinkonzentration in % mittels HPLC bestimmt
1	Chai Aufguss-Fl.	0,196
2	Grüntee Aufguss Fl.	0,303
3	Guaranasa. - Extr. Past.	4,87
4	Tee-Extr. Past	2,08
5	Entk. Grüntee Extr. Past	0,587
6	Entk. Tee Extr. Past	0,859

Die Probenvorbereitung war an jedem Tag gleich. Zuerst wurden alle Proben verdünnt. Es wurden jeweils 0,2 g entnommen und mit 400 g VE-Wasser verdünnt und homogenisiert. Da die Tee-Extrakte dunkler und zähflüssiger waren als die Tee-Extrakte waren als die Tee-Aufgüsse wurden die Proben danach unterschiedlich weiterverdünnt.

Bei den zwei verdünnten Tee-Aufgüssen wurden danach je 1000 µL entnommen und mit 1000 µL VE-Wasser verdünnt. Ausgehend von dieser Lösung wurden drei weitere 1:2 Verdünnungen hergestellt.

Bei den zwei verdünnten Tee-Extrakten und den beiden entkoffeinierten Tee-Extrakten wurde jeweils 1 mL entnommen und mit 9 mL VE-Wasser verdünnt und gut vermischt. Danach wurden je 1000 µL entnommen und mit 1000 µL VE-Wasser verdünnt. Danach wurden noch weitere fünf 1:2 Verdünnungen hergestellt.

Nach jeder Messung wurde die Koffeinkonzentration in nM aus der Software abgelesen und anschließend die Koffeinkonzentration in % ausgerechnet um sie mit den Ergebnissen der Phytolab GmbH & Co KG vergleichen zu können. Des Weiteren wurden an jedem Tag, von jeder Probe der Mittelwerte berechnet, die Standardabweichung und der Variationskoeffizient bestimmt.

5 Ergebnisse

5.1 Titration der Antikörper

Es wurden die drei Antikörper G115EG12, G115ED4 und G115EH2 auf ihre Eignung für das Assay getestet. Dazu wurde eine Titration mit den Antikörpern und mit verschiedenen Koffeinkonzentrationen (0 nM, 12,5 nM, 100 nM, 1000 nM) durchgeführt. Die Titration diente zur Ermittlung des optimalen Antikörpervolumens und der Sensitivität des Antikörpers.

Die Software liefert am Ende jeder Titration für ΔP (SBG, G2) über die Zeit folgendes Bild (Abb. 8). Aus dieser Grafik wurden die ΔP-Werte für die jeweilige Zugabe des Antiköpers abgelesen, als die Reaktion ihr Gleichgewicht erreicht hat.

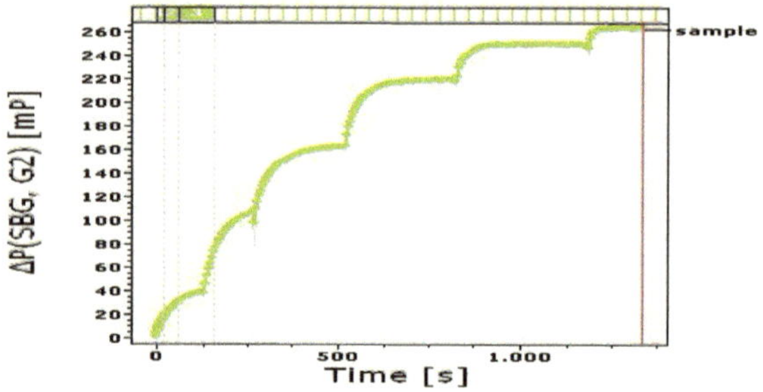

Abbildung 8: Titration des Antikörpers G115EG12 bei einer Koffeinkonzentration von 1000 nM

Die abgelesenen ΔP-Werte wurden anschließend über die Gesamtzugabe des Antikörpers aufgetragen. In der Abb. 9 sind die Ergebnisse der Titration des Antiköpers G115EG12 dargestellt.

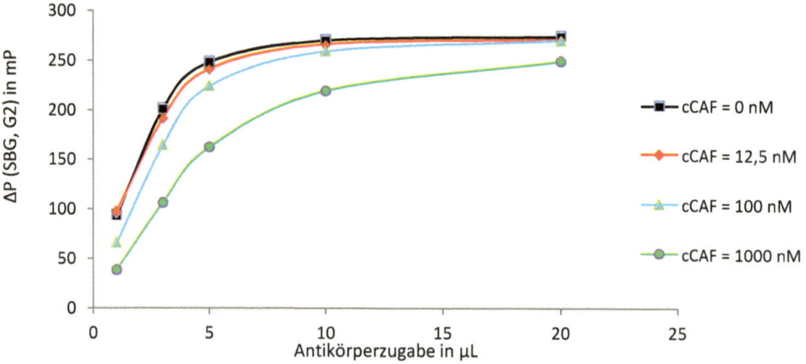

Abbildung 9: Ergebnis der Titration des Antikörpers G115EG12

Beim Antiköper G115EG12 ist bei der Blankmessung ($c_{CAF} = 0\ \mathrm{nM}$) ist zu erkennen, dass der maximale ΔP-Wert bei ca. 270 mP liegt. Dieser Wert wird schon bei einer Zugabe von 10 µL des verdünnten Antikörpers erreicht. Bei den weiteren Antikörperzugaben steigt dieser Wert nicht mehr, da hier schon zu viel Antikörper in der Lösung vorhanden ist. Bei den anderen getesteten Koffeinkonzentrationen erkennt man nur zwischen 100 und 1000 nM Unterschiede zwischen den ΔP-Werten. Bei 12,5 nM ist kaum Unterschied zwischen der Blankmessung zu erkennen. Der Antikörper scheint daher nicht sehr sensitiv zu sein.

Das optimale Antikörpervolumen liegt zwischen 5 und 10 µL des verdünnten Antikörpers. Zur Überprüfung der Titrationsergebnisse wird ein Testansatz mit 7 µL des verdünnten Antikörpers hergestellt und eine Kalibrierung zwischen 0 und 1000 nM durchgeführt.

In Abb. 10 sind die Ergebnisse der Titration des Antikörpers G112ED4 dargestellt. Der maximale ΔP-Wert bei der Blankmessung lag bei ca. 210 mP, bei einem Antikörpervolumen von ca. 40 µL. Bei einer Antikörperzugabe von mehr als 40 µL steigt der ΔP-Wert nur noch geringfügig. Die Koffeinkonzentrationen 100 und 1000 nM unterscheiden sich kaum in ihren ΔP-Werten. Die Koffeinkonzentrationen 12,5 und 100 nM haben die größten Unterschiede ΔP-Werte. Für die Überprüfung der Titrationsergebnisse wird ein Testansatz mit 40 µL des verdünnten Antikörpers hergestellt und eine Kalibrierung zwischen 0 und 1000 nM durchgeführt.

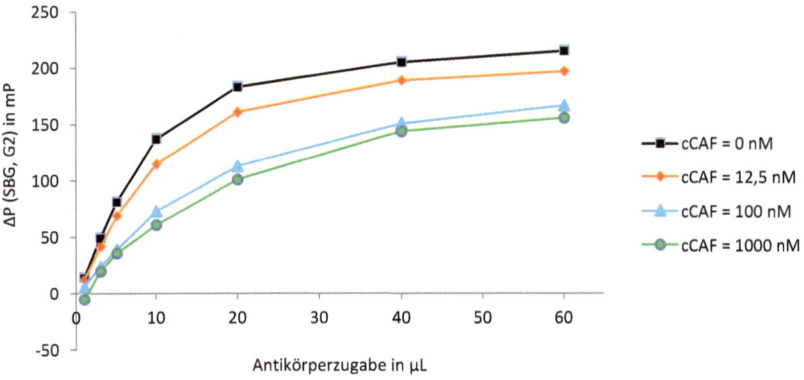

Abbildung 10: Ergebnis der Titration des Antikörpers G115ED4

In Abb. 11 ist die Titration des Antikörpers G115EH2 dargestellt. Es ist zu erkennen, dass anfangs der ΔP-Wert des Blanks niedriger ist als die Polarisation der anderen Konzentrationen. Erst ab einer Antikörperzugabe von 50 µL ist die Polarisation des Blanks höher. Zwischen der Blankmessung und den Konzentrationen 12,5 nM und 100 nM ist kein großer Unterschied zwischen den ΔP-Werten zu erkennen. Bei einer Konzentration von 1000 nM ist die Sättigung schon bei ca. 40 µL erreicht. Es lässt sich bei diesem Antikörper nicht eindeutig ein Volumen bestimmen, welches für die Reaktion notwendig ist. Es wird wahrscheinlich über 150 µL liegen. Für die weiteren Versuche wurde dieser Antikörper nicht mehr weiter verwendet.

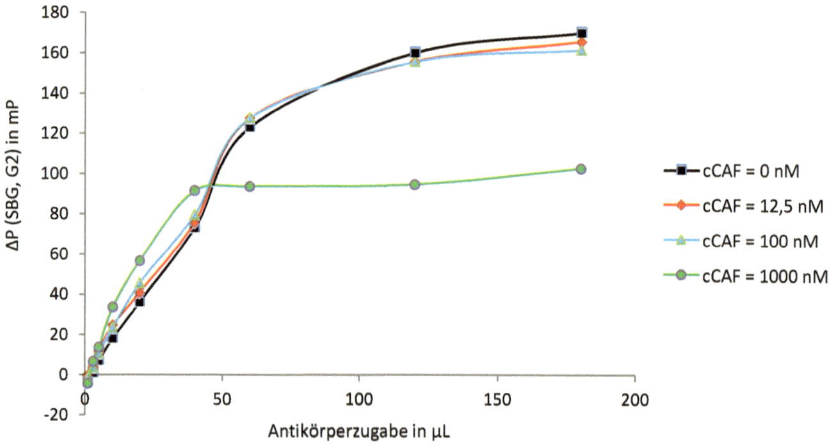

Abbildung 11: Ergebnis der Titration des Antikörpers G115EH2

5.2 Erstellung einer Testkalibrierung

Für die Überprüfung der Titrationsergebnisse wurden mit den Antikörpern G115EG12 und G115ED4 Testansätze hergestellt und eine Kalibrierung mit beiden Antikörpern erstellt.

Die Kalibrierung mit dem Antikörper G115ED4 ist in Abb. 12 dargestellt. Es ist zu erkennen, dass eine Kalibrierung zwischen 0 und 125 nM gut möglich ist, da der Kurvenverlauf bis dahin linear verläuft. Ab 125 nM ist keine Kalibrierung mehr möglich, da die ΔP-Werte sehr niedrig sind und der Kurvenverlauf sehr flach verläuft.

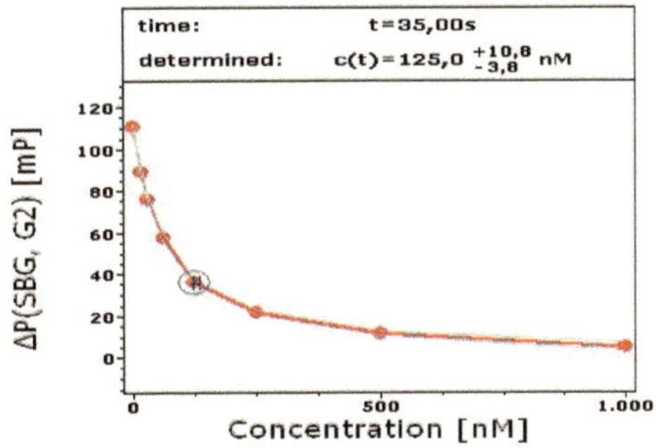

Abbildung 12: Kalibrierung mit dem Antikörper G115ED4 zwischen 1000 und 0 nM

Beim Antikörper G115EG12 in Abb. 13 erkennt man, dass die Kalibrierung zwischen 2000 nM und 0 nM zwar möglich ist. Allerdings ist der ΔP-Wert bei 2000 nM bei 0 mP und kann daher für die Kalibrierung nicht genutzt werden.

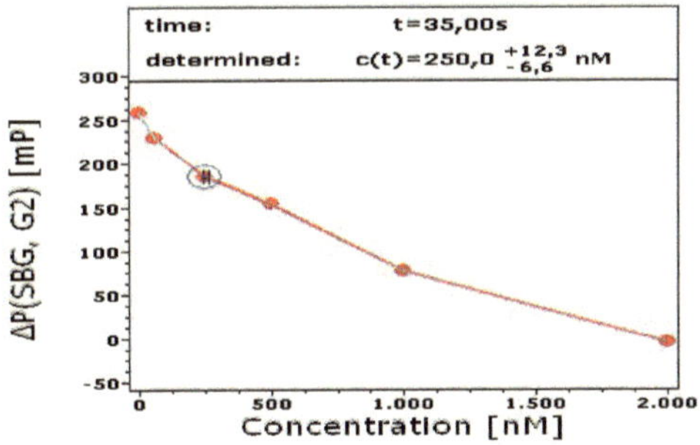

Abbildung 13: Kalibrierung der mit dem Antikörper G115EG12 zwischen 2000 nM und 0 nM

Beide Antikörper sind für das Assay geeignet. Da bei den Teeproben große Mengen an Koffein erwartet werden, wird kein sensitiver Antikörper benötigt. Die weiteren Versuche werden daher mit dem Antikörper G115EG12 durchgeführt, da mit ihm Koffeinkonzentrationen bis zu 1000 nM nachweisen kann und daher die Proben nicht so stark vorher verdünnt werden müssen.

5.3 Stabiliätstest der F-CAF und A-CAF Reagenzien

Für den Stabilitätstest der Reagenzien wurden zwei verschiedene Lagerbedingungen untersucht. Die Reagenzien wurden einmal bei RT im Labor und einmal bei 4° im Kühlschrank gelagert. Über einen Zeitraum von 30 Tagen wurden mit den Reagenzien jeweils eine Blankmessung durchgeführt und anschließend aus der Software die Intensität in V nach Zugabe der F-CAF Reagenzien abgelesen und der ΔP (SBG, G2) in mP abgelesen.

In Abb. 14 sind die Ergebnisse des Langzeitstabilitätstest des F-CAF Reagenz bei unterschiedlichen Lagerbedingungen dargestellt. Es ist zu erkennen, dass es keine Unterschiede zwischen der Lagerung der F-CAF Reagenzien bei RT und bei der Lagerung bei 4° C gibt. Die Lagerung das F-CAF ist unter den getesteten Bedingungen gleichermaßen möglich. Über den weiteren Verlauf nach den 30 Tagen kann keine Aussage getroffen werden.

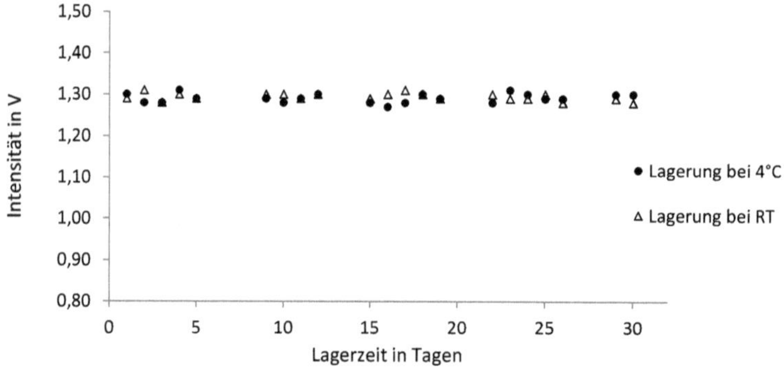

Abbildung 14: Langzeitstabilitätstest von F-CAF bei unterschiedlichen Lagerbedingungen: Intensität von F-CAF in Abhängigkeit von der Lagerzeit

In Abb. 15 sind die Ergebnisse des Stabiliätstests der A-CAF Reagenzien bei unterschiedlichen Lagerbedingungen dargestellt. Bei der Lagerung bei 4°C ist zu erkennen, dass es die Aktivität am Anfang konstant bleibt um ca. 300 mP aber dann ab ca. 7 Tagen leicht abnimmt auf ca. 290 mP. Ab dem 15. Tag sinkt die Aktivität weiter bis auf ca. 270 mP und bleibt dann nahezu konstant. Bei der Lagerung bei Raumtemperatur erkennt man einen leichten Aktivitätsverlust des Antikörpers in den ersten 5 Tagen. Nach ca. 10 Tagen ist die Aktivität auf ca. 250 mP gesunken. Nach 15 Tagen erkennt man einen sehr starken Abfall der Aktivität auf ca. 170 mP. Über den weiteren Verlauf nach den 30 Tagen kann keine Aussage getroffen werden.

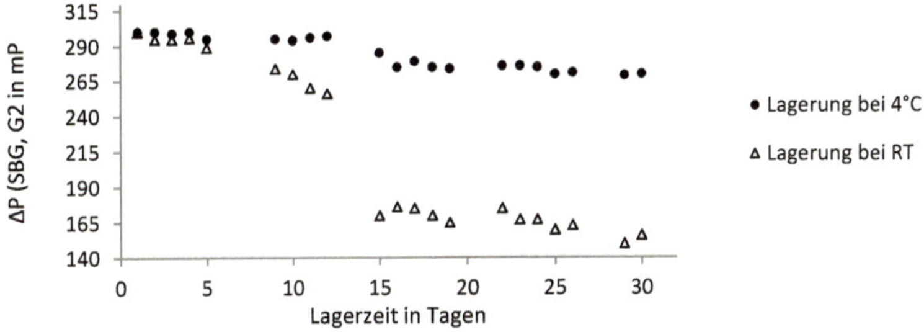

Abbildung 15: Langzeitstabilitätstest von A-CAF bei unterschiedlichen Lagerbedingungen

In Abb. 16 ist die Kalibrierung nach dem Ansetzen der Reagenzien im Vergleich zu der Kalibrierung nach 30 Tagen dargestellt. Man erkennt deutlich, dass die Aktivität des Antikörpers abgenommen hat. Nach dem Ansetzen lag der Blank-Wert bei 300 mP und nach den 30 Tagen lag er bei 270 mP. Auch bei einer Konzentration von 1000 nM lag der ΔP-Wert nach dem Ansetzen höher (180 mP) als nach 30 Tagen (130 mP).

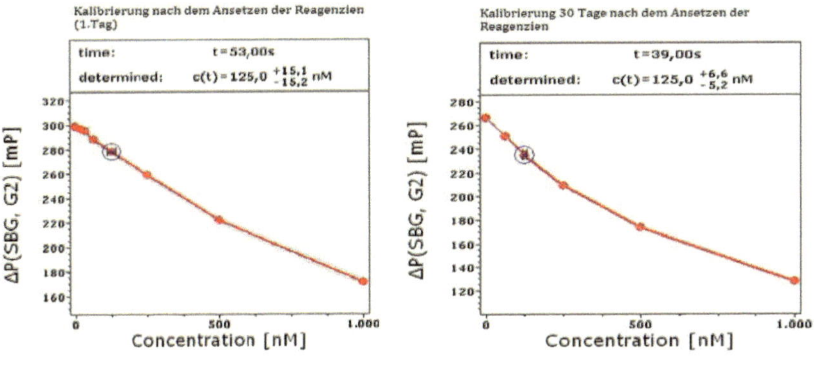

Abbildung 16: Vergleich der Kalibrierung nach dem Ansetzen der Lösungen und nach 30 Tagen. Dargestellt ist Änderung der Polarisation in Abhängigkeit von der Konzentration in nM

Damit die Lösungen auch nach längerer Lagerung einsetzbar sind, ohne dass die Analyseergebnisse z.B. durch den Aktivitätsverlust des Antiköpers verfälscht werden, sollten alle Reagenzien bei 4° C im Kühlschrank gelagert werden.

5.4 Untersuchung auf Kreuzreaktionen

In Tab. 7 sind die Ergebnisse der Kreuzreaktivität für Theobromin dargestellt. Die ermittelte durchschnittliche Kreuzreaktivität bei Theobromin beträgt 2,71 %, bei hohen Konzentrationen zwischen 1000 und 250 nM. Bei geringen Konzentrationen (< 250 nM) konnte keine Kreuzreaktion mit Theobromin mehr ermittelt werden.

Tabelle 7: Ergebnisse der Kreuzreaktivität auf Theobromin

Soll-konzentration in nM	Ist -Konzentration in nM	Kreuzreaktivität in %
1000	25,5	2,55
500	14,5	2,90
250	6,7	2,68
125	-	-
62,5	-	-

In Tab. 8 sind die Ergebnisse der Kreuzreaktionen mit Theophyllin dargestellt. Die ermittelte durchschnittliche Kreuzreaktivität zwischen allen gemessen Konzentrationen beträgt 16,0 %

Tabelle 8: Ergebnisse der Kreuzreaktivität mit Theophyllin

Soll-Konzentration in nM	Ist-Konzentration in nM	Kreuzreaktivität in %
1000	174	17,40
500	81,1	16,22
250	38,4	15,36
125	22,4	17,92
62,5	8,3	13,28

In Tab. 9 sind die Ergebnisse der Kreuzreaktionen mit (+) -Catechin dargestellt. Es konnte keine Kreuzreaktion mit (+) -Catechin nachgewiesen werden.

Tabelle 9: Ergebnisse der Kreuzreaktivität mit Catechin

Soll-Konzentration in nM	Ist-Konzentration in nM	Kreuzreaktivität in %
1000	-	-
500	-	-
250	-	-
125	-	-
62,5	-	-

5.5 Bestimmung der Koffeinkonzentration in verschiedenen Teeproben

Um zu untersuchen ob das Assay genau arbeitet, wurden die Proben an drei aufeinanderfolgenden Tagen gemessen und die Ergebnisse mit den Messergebnissen einer UHPLC Messung der Phytolab GmbH & Co. KG verglichen.

In den Tabellen 9 bis 14 sind die Ergebnisse der Untersuchung dargestellt. Es ist jeweils die Konzentration in nM angegeben, die von der Software ermittelt wurde und die Konzentration in %, um die Ergebnisse mit denen der Phytolab GmbH & Co. KG vergleichen zu können. Die Umrechnung von nM in % erfolgte dabei wie folgt. Die Beispielrechnung erfolgt für den Tee Nr. 1 am 1. Tag

<u>1. Koffeinkonzentration im verdünnten Extrakt</u>

$$c_{Koffein,Extrakt} = \frac{m_{Probeneinwaage}}{V_{VE-Wasser} * M_{Koffein}} \qquad \text{(Gleichung 13)}$$

$$\mathrm{c_{Koffein,Extrakt}} = \frac{0{,}2\ \mathrm{g}}{0{,}4\ \mathrm{L} * 194\frac{\mathrm{g}}{\mathrm{mol}}} = 2{,}577 * 10^{-3}\,\frac{\mathrm{mol}}{\mathrm{L}} = 2577319\ \mathrm{nM}$$

<u>2. Verdünnung in der Küvette</u>

Die LHW pipettiert 200 µL von der Probe in die Küvette, die ein Gesamtvolumen von 2600 µL besitzt.

$$c_{Koffein,Extrakt} * V_{Extrakt} = c_{Koffein,Küvette} * V_{Küvette}$$

(Gleichung 14)

$$\mathrm{c_{Koffein,Küvette}} = \frac{\mathrm{c_{Koffein,Extrakt}} * \mathrm{V_{Extrakt}}}{\mathrm{V_{Küvette}}} = \frac{2577319\ \mathrm{nM} * 200\ \mu\mathrm{L}}{2600\ \mu\mathrm{L}} = 198255\ \mathrm{nM}$$

Die Konzentration von 198255 nM entspricht dabei der Konzentration an Koffein, die theoretisch in den 0,2 g Probe enthalten ist, wenn die Probe zu 100 % aus Koffein bestehen würde. Um die tatsächliche Menge an Koffein zu ermitteln, wurde nach dem Messen die Koffeinkonzentration in nM aus der Software abgelesen und die Koffeinkonzentration in % in der Probe bestimmt. In diesem Beispiel betrug die abgelesene Konzentration 402 nM.

$$c_{Koffein,Probe} = \frac{Ist\text{−}Konzentration\ in\ nM}{Soll\text{−}Konzentration\ in\ nM} * 100\ \%$$

(Gleichung 15)

$$\mathrm{c_{Koffein,Probe}} = \frac{402\ \mathrm{nM}}{198255\ \mathrm{nM}} * 100\ \% = 0{,}203\ \%$$

In den 0,2 g Probe sind 0,203 % Koffein enthalten. Das entspricht $\frac{0{,}000406\ \mathrm{g\ Koffein}}{0{,}2\ \mathrm{g\ Probe}}$ bzw. $\frac{2{,}03\ \mathrm{g\ Koffein}}{1\ \mathrm{kg\ Probe}}$.

Anschließend wurde an jedem Tag der Mittelwert, die Standardabweichung und der Variationskoeffizient bestimmt.

In Tab. 10 sind die Ergebnisse des Tees Nr. 1 dargestellt. Man erkennt, dass an allen Tagen die gemessen gemittelten Koffeinkonzentrationen fast gleich waren. Die Sollkonzentration (siehe Tab. 5) von 0,196 % wurde an allen drei Tagen annähernd erreicht. Der Variationskoeffizient lag am Tag 1 und 2 bei ca. 5,25 % und am Tag 3 bei 6,3 %.

Tabelle 10: Messergebnisse des Tee Nr. 1

Verdünnung	1.Tag Koffeinkonzentration		2. Tag Koffeinkonzentration		3. Tag Koffeinkonzentration	
	in nM	**in %**	**in nM**	**in %**	**in nM**	**in %**
verd. Extrakt	402	0,203	406	0,205	394	0,199
1:2	199	0,201	278	0,208	202	0,204
1:4	97	0,197	98	0,199	96	0,195
1:8	44	0,178	45	0,182	43	0,176
Mittelwert		**0,195**		**0,199**		**0,194**
Standardabweichung		**0,011**		**0,012**		**0,012**
Variationskoeffizient in %		**5,88**		**5,85**		**6,32**

In Tab. 11 sind die Ergebnisse des Tees Nr. 2 dargestellt. Auch hier erkennt man, dass die Sollkonzentration von 0,303 % an allen Tagen annähernd erreicht worden ist. Der Variationskoeffizient liegt an Tag 2 und 3 bei rund 5,5 % und am Tag bei 1,49 %.

Tabelle 11: Messergebnisse des Tee Nr. 2

Verdünnung	1.Tag Koffeinkonzentration		2. Tag Koffeinkonzentration		3. Tag Koffeinkonzentration	
	in nM	**in %**	**in nM**	**in %**	**in nM**	**in %**
verd. Extrakt	646	0,326	572	0,289	622	0,314
1:2	312	0,315	298	0,301	294	0,297
1:4	160	0,323	155	0,313	150	0,303
1:8	79	0,319	81	0,329	83	0,335
Mittelwert		**0,321**		**0,308**		**0,312**
Standardabweichung		**0,005**		**0,017**		**0,017**
Variationskoeffizient in %		**1,49**		**5,55**		**5,35**

In Tab. 12 sind die Ergebnisse des Tees Nr. 3 dargestellt. Die Sollkonzentration von 4,87 % wurde an allen Tagen annährend erreicht. Die Variation der einzelnen Messungen an den drei Tagen lag um die 3 %.

Tabelle 12: Messergebnisse des Tees Nr.3

Verdünnung	1.Tag Koffeinkonzentration		2. Tag Koffeinkonzentration		3. Tag Koffeinkonzentration	
	in nM	in %	in nM	in %	in nM	in %
verd. Extrakt	-	-	-	-	-	-
1:10	-	-	-	-	-	-
1:20	517	5,22	486	4,91	549	5,54
1:40	253	5,11	231	4,67	256	5,17
1:80	135	5,48	122	4,93	130	5,26
1:160	63	5,16	60	4,87	66	5,33
Mittelwert		**5,24**		**4,84**		**5,32**
Standardabweichung		**0,165**		**0,119**		**0,158**
Variationskoeffizient in %		**3,14**		**2,46**		**2,96**

In Tab. 13 sind die Ergebnisse des Tees Nr. 4 dargestellt. Der Mittelwert der Koffeinkonzentration an den drei Tagen war an allen Tagen fast gleich und liegt sehr an dem Sollwert von 2,08 %. Der Variationskoeffizient lag an allen drei Tagen um die 5 %.

Tabelle 13: Messergebnisse des Tees Nr. 4

Verdünnung	1.Tag Koffeinkonzentration		2. Tag Koffeinkonzentration		3. Tag Koffeinkonzentration	
	in nM	in %	in nM	in %	in nM	in %
verd. Extrakt	-	-	-	-	-	-
1:10	404	2,04	438	2,21	410	2,07
1:20	196	1,98	238	2,41	204	2,06
1:40	106	2,14	106	2,15	112	2,26
1:80	54	2,21	55	2,22	55	2,25
1:160	-	-	-	-	-	-
Mittelwert		**2,09**		**2,25**		**2,16**
Standardabweichung		**0,102**		**0,113**		**0,110**
Variationskoeffizient in %		**4,90**		**5,01**		**5,09**

In Tabelle 14 und 15 sind die Ergebnisse der entkoffeinierten Tee-Extrakte (Tee Nr. 5 und 6) dargestellt. Beim Tee-Nr. 5 konnten jeweils nur zwei Verdünnungen gemessen werden. Der Mittelwert der liegt daher sehr nahe an dem Soll-Koffeingehalt von 0,587 %. Der Variationskoeffizient liegt zwischen 3 und 4 %.

Tabelle 14: Messergebnisse des Tees Nr. 5

Verdünnung	1.Tag Koffeinkonzentration		2. Tag Koffeinkonzentration		3. Tag Koffeinkonzentration	
	in nM	in %	in nM	in %	in nM	in %
verd. Extrakt	-	-	-	-	-	-
1:10	116	0,586	111	0,563	113	0,571
1:20	61	0,623	59	0,596	58	0,594
1:40	-	-	-	-	-	-
1:80	-	-	-	-	-	-
1:160	-	-	-	-	-	-
Mittelwert		**0,605**		**0,580**		**0,583**
Standardabweichung		**0,026**		**0,023**		**0,016**
Variationskoeffizient		**4,33**		**4,03**		**2,79**

Beim Tee-Nr. 6 liegen die Mittelwerte an allen Tagen höher als der Sollwert von 0,859 %. Der Variationskoeffizient lag am Tag 2 und 3 bei bei 5,5 bzw. 5,8 %. Am Tag 1 bei rund 3,3 %.

Tabelle 15: Messergebnisse des Tee Nr. 6

Verdünnung	1.Tag Koffeinkonzentration		2. Tag Koffeinkonzentration		3. Tag Koffeinkonzentration	
	in nM	in %	in nM	in %	in nM	in %
verd. Extrakt	-	-	-	-	-	-
1:10	183	0,926	173	0,874	179	0,904
1:20	85	0,867	95	0,966	87	0,886
1:40	43	0,887	43	0,884	48	0,987
1:80	-	-	-	-	-	-
1:160	-	-	-	-	-	-
Mittelwert		**0,893**		**0,908**		**0,926**
Standardabweichung		**0,030**		**0,050**		**0,054**
Variationskoeffizient		**3,36**		**5,56**		**5,82**

6 Diskussion

6.1 Titration der Antikörper

Mit der Titration wurde untersucht, ob die Antikörper für das Fluoreszenz-Polarisation-Immunoassay geeignet sind, welche Antikörpermenge für die kompetitive Reaktion notwendig ist und wie sensitiv die Antikörper sind. Die Titrationen wurden unter denselben Bedingungen durchgeführt wie die späteren Analysen. Bei den Assays von delta werden immer 2200 µL RP, 200 µL Probe, 100 µL des Fluoreszenzmarkierten Antigens und 100 µL des Antikörpers mit dem LHW in die Küvette im Spektrometer pipettiert. Durch die Titration wird ermittelt, welche Menge an Antikörper in den 100 µL der Antikörperlösung vorhanden sein muss. Die richtige Menge an Antikörper ist sehr wichtig für das Assay. Ist zu viel Antikörper vorhanden führt das zu einem erhöhten Probenhintergrund und maskiert so die wahre Menge des Analyten. Ist zu wenig Antikörper in der Lösung führt das dazu, das zu wenig Fluoreszenzlicht erzeugt wird und somit eine niedrige Polarisation erreicht wird und damit auch die Sensitivität des Antikörpers reduziert wird. Die optimale Antikörpermenge ist die Menge, die kurz vor der Sättigung zu finden ist [13].

Beim Antikörper G115EG12 (Abb. 9; $c_{CAF} = 0 \text{ nM}$) ist zu erkennen, dass die kompetitive Reaktion bei einer Antikörperzugabe bei ca. 7 µL ihr Gleichgewicht erreicht hat. Das erkennt man daran, dass bei einer Antikörperzugabe von 5 µL der maximale ΔP-Wert von ca. 260 mP noch nicht erreicht wurde und bei 10 µL schon erreicht ist. Ab einer Menge von 10 µL liegt der Antikörper im Überschuss vor. Da immer dieselbe Menge an fluoreszenzmarkierten Antigen zugegeben wird, kann ab einer bestimmten Menge des Antikörpers die Polarisation nicht mehr steigen, da kein freies Antigen mehr vorhanden ist. Unter 5 µL erkennt man, dass bei jeder Antiköperzugabe der ΔP-Wert noch steigt. Solange der ΔP-Wert noch steigt, ist das fluoreszenzmarkierte Antigen im Überschuss und die kompetitive Reaktion noch nicht im Gleichgewicht.

Die Titration mit dem Antikörper G115EG12 wurde noch mit weiteren Koffeinkonzentrationen durchgeführt. Die Titration mit den anderen Koffeinkonzentrationen diente dazu, zu ermitteln wie sensitiv der Antikörper ist. Bei den Konzentrationen 12,5 und 0 nM erkennt man keinen großen Unterschied zwischen den ΔP-Werten. Da beim delta System die Ergebnisse später um +/- 5 mP schwanken können, müssen sich die ΔP-Werte bei den verschiedenen Konzentrationen um mehr als 5 mP unterscheiden um später genaue Analysen durchführen zu können. Die Konzentration von 12,5 nM ist zu gering um sie mit diesem Antikörper zu detektieren zu können. Es wurden noch die Konzentration 100 und 1000 nM untersucht. Bei höheren Konzentrationen unterscheiden sich die ΔP-Werte deutlich voneinander, so dass zwischen diesen Konzentrationen ein Nachweis von Koffein möglich ist. Da bei den Titrationen Fehler aufgetreten sein können z.B. falsches pipettieren der Antikörpervolumina oder verwenden von falschen

Koffeinkonzentrationen müssen die Ergebnisse durch eine Testkalibrierung überprüft werden. Da die Titration ergeben hat, dass das optimale Antikörpervolumen bei ca. 7 µL liegt, wird ein Antikörpervolumen von 7 µL für die Testkalibrierung verwendet. Die Kalibrierung wird mit dem Antikörper G115EG12 zwischen 2000 nM und 0 nM durchgeführt.

Beim Antikörper G115ED4 hat die Titration ergeben, dass das optimale Antikörpervolumen bei 40 µL liegt und der Antikörper sensitiver als der Antikörper G115EG12 ist. Im Vergleich mit dem Antikörper G115EG12 sind die Unterschiede der ΔP – Werte zwischen den Konzentrationen 0 und 12,5 nM größer. Somit ist die Detektion des Koffeins in diesem Bereich möglich. Bei einer Konzentration von 1000 nM sind im Vergleich zu den 100 nM allerdings keine großen Unterschiede mehr zwischen den ΔP – Werten zu erkennen. Was bedeutet, dass der messbare Bereich bei diesem Antikörper zwischen 0 und ca. 100 nM liegen wird. Um die Annahme zu überprüfen wird die Testkalibrierung mit einem Antikörpervolumen von 40 µL und zwischen den Konzentrationen 0 und 1000 nM durchgeführt.

Der Antikörper G115EH2 zeigt im Vergleich zu den anderen beiden Antikörpern einen anderen Verlauf. Durch den Verlauf würde sich ein optimales Antikörpervolumen von ca. 150 µL oder mehr ergeben. Da Antikörper sehr teuer sind, ist es Ziel so wenig Antikörper wie möglich zu verwenden. Im Vergleich zu den anderen beiden Antikörpern ist der Verbrauch sehr hoch, so dass sich nicht weiter mit diesem Antikörper beschäftigt wird.

6.2 Erstellung einer Testkalibrierung

Um die Ergebnisse der Titration zu überprüfen, wurden Testansätze mit den aus der Titration ermittelten Antikörpervolumen hergestellt und eine jeweils eine Kalibrierung durchgeführt.

Beim Antikörper G115EG12 lag der maximale ΔP-Wert bei der Titration und der Kalibrierung bei je ca. 260 mP. Unterschiede zwischen der Titration und der Kalibrierung gab es allerdings bei der Konzentration von 1000 nM. Bei der Titration wurde ein ΔP-Wert von ca. 170 mP ermittelt und bei der Kalibrierung lag der Wert bei nur ca. 60 mP. Dadurch, dass bei den 1000 nM der ΔP-Wert schon bei 60 mP lag, lag der Wert für die 2000 nM dementsprechend auch sehr niedrig (bei 0 mP). Nach der Titration wurde vermutet, dass die Kalibrierung auch bis zu einer Konzentration von 2000 nM möglich ist, da der ΔP-Wert bei den 1000 nM bei nur 170 mP lag. Wahrscheinlich wurden die Kalibrierlösungen falsch hergestellt.

Beim Antikörper G115ED4 hingegen lagen alle ΔP-Werte bei der Kalibrierung niedriger als bei der Titration. Das lässt darauf schließen, dass das Antikörpervolumen nicht optimal war oder der Antikörper falsch verdünnt worden ist. Trotz der Abweichung kann man erkennen, dass der Antikörper sensitiver ist als der Antikörper G115EG12. Der messbare Bereich liegt beim Antikörper G115ED4 liegt zwischen 0 und 125 nM, da hier die Kalibierkurve linear verläuft. Bei größeren Konzentrationen verläuft die Kurve flach und es ist in diesem Bereich nicht mehr möglich die Konzentration des Koffeins eindeutig zu detektieren.

Beide Antikörper sind für das Assay geeignet. Der einzige Unterschied liegt in dem Bereich in dem das Koffein detektiert werden kann. Da die späteren Teeproben große Mengen an Koffein enthalten, ist es nicht notwendig einen sensitiven Antikörper zu verwenden. Der Antikörper G115EG12 hat einen messbaren Bereich von 0 bis 1000 nM, der Antikörper G115ED4 nur zwischen 0 und 125 nM. Der Vorteil des größeren Messbereichs liegt daran, dass man die Proben nicht zu oft verdünnen muss um in den messbaren Bereich zu gelange und das minimiert auch eventuelle Fehler, die beim Verdünnen passieren können. Alle weiteren Versuche wurden deshalb mit dem Antikörper G115EG12 durchgeführt.

6.3 Stabilitätstest der F-CAF und A-CAF Reagenzien

Die neu angesetzten F-CAF und A-CAF Lösungen wurden bei definierten Temperaturen gelagert und über einen Zeitraum von 30 Tagen die Blank Messung durchgeführt, um die Stabilität der Reagenzien zu untersuchen. Diese Untersuchung ist wichtig um zu überprüfen, ob die Lösungen auch nach längerer Lagerzeit einsetzbar sind ohne eine erneute Kalibrierung durchführen zu müssen. Es ist vom Vorteil Lösungen herzustellen, die über längere Zeit stabil sind, um nicht vor jeder Messung eine Kalibrierung durchführen zu müssen.

Beim F-CAF wurde die Intensität des Fluoreszenzanstieges für die Stabilitätsmessung herangezogen. Die Intensitäten haben über den gesamten Zeitraum und bei allen Lagerbedingungen immer die gleichen Werte und streuen nur geringfügig. Die Lagerung des F-CAF ist unter den getesteten Lagerbedingungen gleichermaßen möglich, solange eine Abdunkelung gegenüber der Lichteinstrahlung von außen gewährleistet ist.

Beim A-CAF zeigt sich bei RT und bei 4°C ein Verlust der Aktivität des Antikörpers über die 30 Tage. Die ersten fünf Tage war bei beiden Lagerbedingungen die Aktivität noch gleich, allerdings zeigt sich schon hier ein leichter Aktivitätsverlust bei der Lagerung bei RT. Bei RT sinkt die Aktivität über den gesamten Zeitraum stark. Beim Ansetzen lag der ΔP-Wert noch bei 300 mP, nach 15 Tagen liegt er bei ca. 165 mP. Der ΔP-Wert bleibt danach zwar konstant, aber es ist anzunehmen, dass die Aktivität des Antikörpers nach 30 Tagen noch weiter sinken wird. Bei 4°C sinkt die Aktivität nur leicht, um die 30 mP, über den untersuchten Zeitraum. Auch wenn die Antiköperlösungen bei definierten Temperaturen gelagert wurden, waren die Lösungen während der Messung kurzzeitig RT ausgesetzt. Es hätte noch untersucht werden können, ob und wie sich der ständige Wechsel der Temperatur auf die Antikörperlösung auswirkt.

Da die Antikörperaktivität nicht nur durch die Lagerbedingungen beeinflusst wird, sondern auch durch biologische Verunreinigungen, wurde Natriumazid (0,1%) und Thiomersal (0,02%) zu der Verdünnungslösung zugegeben. Natriumazid verhindert das Wachstum der Bakterien und Thiomersal dient als Konservierungsmittel [14]. Außerdem wurde die Antikörperlösung nach der Herstellung sterilfiltiert, so dass davon auszugehen ist, dass keine biologischen Verunreinigungen in die Antikörperlösung gelangt sind und somit zu einer Verringerung der Aktivität des Antikörpers geführt haben könnten. Mit bloßem Auge waren keine biologischen Verunreinigungen zu erkennen. Die Lösungen hätten mikroskopisch untersucht werden müssen, um eine sichere Aussage darüber treffen zu können, ob ein biologisches Wachstum aufgetreten ist.

Zur Stabilisierung des Antikörpers wurde BSA (Bovine Serum Albumin) zur Antikörperlösung zugesetzt. Da das A-CAF anfällig auf die Lagerbedingungen ist, hätte man noch andere Stabilisierungspuffer testen können. Stabilisierungspuffer sollen den Antikörper gegenüber äußere Einflüsse wie Temperatur und mechanische Belastung schützen. Es sind weitere Stabiliätstests mit anderen Stabilisierungspuffern wie z.B. auf PBS (Phostphate-buffered saline) oder auf TRIS-Basis notwendig um die Belastbarkeit des Antikörpers zu untersuchen [14].

6.4 Untersuchung auf Kreuzreaktionen

Um eventuell falsch positive Ergebnisse auszuschließen, wurde die Kreuzreaktivität des Antikörpers G115EG12 auf Theobromin, Theophyllin und (+) -Catechin untersucht. Theobromin und Theophyllin gehören wie das Koffein zur Gruppe der Methylxhantine. Strukturell weisen diese drei Substanzen dasselbe Xhantin-Grundgerüst auf und unterscheiden sich lediglich in der Anzahl und Position der Methylgruppen. In Abb. 17 sind die Strukturformeln von Theobromin, Theophyllin und Koffein dargestellt.

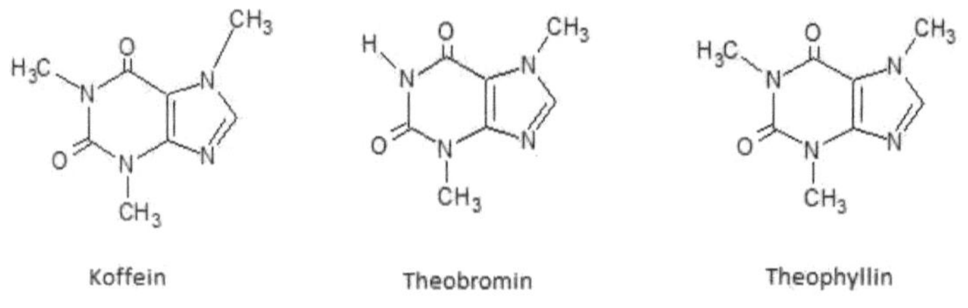

Abbildung 17: Strukturformel von Koffein, Theobromin und Theophyllin [1]

Beim Theobromin konnte eine Kreuzreaktivität von ca. 3 % festgestellt werden aber nur bei höheren Konzentrationen von 1000 nM bis 250 nM in der Probe. Bei den Konzentrationen unter 250 nM konnte keine Kreuzreaktion mehr festgestellt werden.

Beim Theophyllin betrug die Kreuzreaktivität ca. 17 % bei allen untersuchten Konzentration von 1000 nM bis 62,5 nM in der Probe.

Da Theobromin und Theophyllin neben Koffein immer in der Teepflanze vorkommen, können diese Stoffe den Nachweis von Koffein in den Teeproben stören. Da allerdings Theobromin und Theophyllin gehaltsmäßig in sehr geringen Mengen in den Teepflanzen vorkommen, kann davon ausgegangen werden, dass Theobromin und Theophyllin den Nachweis von Koffein kaum oder gar nicht stören werden. Beim grünem Tee beträgt z.B. der durchschnittliche Koffeingehalt 1,49 %, der von Theobromin nur 0,07 % und der von Theophyllin sogar nur 0,01 % [15].

Des Weiteren wurde die Kreuzreaktion des Antikörpers auf (+) -Catechin untersucht. Catechine gehören zu den Polyphenolen und zu den Hauptinhaltstoffen im grünen Tee und schwarzem Tee. Das (+) - Catechin gehört neben dem (-) -Epicatechin zu dem in der Natur am häufigsten Catechinen [1]. In Abb. 18 ist die Strukturformel das (+) -Catechin dargestellt.

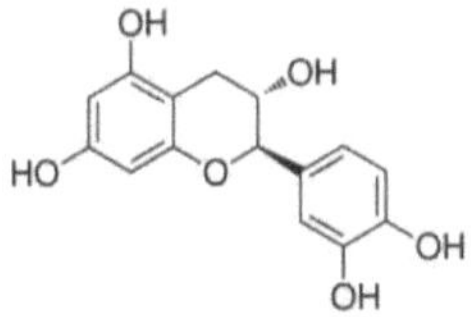

Abbildung 18: Strukturformel des (+)-Catechin [16]

Das (+) -Catechin zeigte keine Kreuzreaktion mit dem Antikörper. Es kann davon ausgegangen werden, dass Catechine den Nachweis nicht stören. Das (-) -Epicatechin liegt mengenmäßig in höheren Anteilen als das (+) -Catechin vor und sollte daher eventuell auch noch auf die Kreuzreaktion untersucht werden [17]. Es ist aber davon auszugehen, dass auch das (-) -Epicatechin keine Kreuzreaktionen aufweist, da Catechine strukturell keine große Gemeinsamkeit mit Koffein aufweisen.

6.5 Bestimmung der Koffeinkonzentration in den Teeproben

Bei der Durchführung von Analysen können die Werte vom wahren Wert abweichen. Durch die wiederholte Durchführung an unterschiedlichen Tagen und unter denselben Bedingungen (gleiche Probenvorbereitung, gleiches Gerät), kann eine Aussage über die Reproduzierbarkeit der Analysenergebnisse getroffen werden (=Präzision). Dazu wurden die Standardabweichung und der Variationskoeffizient berechnet. Die Standardabweichung gibt die Streuung der einzelnen Messwerte um den Mittelwert an. Da die Standardabweichung aber abhängig von der Dimension des Mittelwertes ist, wurde der Variationskoeffizient zur Beurteilung der Präzision herangezogen. Der Variationskoeffizient ist das Verhältnis von Standardabweichung zum Mittelwert und wird als relative Standardabweichung bezeichnet. Dadurch lässt sich die Streuung von Proben mit unterschiedlichen Mittelwerten vergleichen [18].

Bei den untersuchten Proben lag der Variationskoeffizient bei durchschnittlich 5 %. Das bedeutet, dass die zufällige Messabweichung bei 5 % lag und die einzelnen Messwerte um bis zu +/- 5 % abweichen können. Diese Abweichungen könnten durch zufällige Fehler zustande, wie z.B. durch ungenaues pipettieren der LHW oder Lichteinfall in die Küvette während der Messung zustande gekommen sein. Das delta System wird überwiegend für die quantitative Spurenanalytik verwendet. In der Spurenanalytik sind Fehler von 10 bis zu 20 % keine Seltenheit und akzeptabel [19]. Die Abweichung von bis zu +/- 5 % bei der Koffeinbestimmung, spricht für eine hohe Reproduzierbarkeit und damit für zuverlässige Ergebnisse.

Für den Vergleich der Messergebnisse mit der UHPLC Messung Phytolab AG und Co.KG wurden die Koffeinkonzentrationen der drei Tage gemittelt und mit dem Ergebnis der UHPLC Messung verglichen. Auch hier kommt zu einer Abweichung von bis zu 6 %. Bei allen Messungen mittels FPIA wurde dabei immer mehr Koffein detektiert als mit bei der UHPLC.

Da Matrixeffekte die Analyse stören können, wurden die Probe an allen Tage verdünnt. Durch die Verdünnung der Probe soll erreicht, dass eventuell störende Probenbestandteile so weit beseitigt werden, dass sie der Analyse nicht mehr stören. Bei allen untersuchten Teeproben gab es keine Matrixeffekte. Es war bei allen Verdünnungsstufen möglich die Koffeinkonzentration genau zu bestimmen. Die Abweichung der einzelnen Messungen lag bei +/- 5 %.

7 Zusammenfassung und Ausblick

7.1 Zusammenfassung

Ziel dieser Arbeit war es ein Fluoreszenz-Polarisations-Immunoassays zu entwickeln um Koffein in Tee und Tee-Extrakten nachweisen zu können. Dazu war es zunächst notwendig einen geeigneten Antikörper zu finden. Es standen drei Antikörper zur Verfügung. Mit allen drei Antikörpern wurde zunächst eine Titration durchgeführt um herauszufinden welcher Antikörper am besten für das Assay geeignet ist und welches die optimale Antikörpermenge ist. Nach der Titration wurde sich entschieden mit dem Antikörper G115EG12 weiterzuarbeiten. Danach wurde untersucht ob der Antikörper Kreuzreaktionen zu den Stoffen Theobromin, Theophyllin und (+)-Catechin aufweist. Die Kreuzreaktivität lag bei Theobromin bei 3 %, bei Theophyllin bei 17 % und bei (+)-Catechin gab es keine Kreuzreaktivität. Danach wurde die Stabilität der Reagenzien (F-CAF und A-CF) bei der Lagerung bei RT und bei 4° im Kühlschrank untersucht. Die Untersuchung fand über einen Zeitraum von 30 Tagen statt. Die F-CAF Reagenzien waren, über den untersuchten Zeitraum, sowohl bei RT und 4 °C im Kühlschrank stabil. Bei den A-CAF war sowohl bei RT als auch bei der Lagerung bei 4 °C ein Aktivitätsverlust des Antikörpers zu erkennen. Bei RT zeigte sich ein sehr starker Aktivitätsverlust. Bei der Lagerung bei 4 °C zeigte sich auch ein Aktivitätsverlust, aber dieser war geringer als bei der Lagerung bei RT. Es empfiehlt sich die Reagenzien bei 4 °C im Kühlschrank zu lagern und regelmäßig die Aktivität des Antikörpers zu überprüfen. Als letztes wurden verschiedene Teeproben auf ihren Koffeingehalt untersucht und mit den Ergebnissen einer UHPLC-Messung eines anderen Labors verglichen. Der Koffeingehalt wurde an drei aufeinanderfolgenden Tagen bestimmt um die Reproduzierbarkeit der Ergebnisse zu untersuchen. Die Abweichungen zwischen den Ergebnissen der UHPLC und des FPIA lagen unter 10 %. Da solche Abweichungen bei Immunoassays normal sind, kann man von einer guten Reproduzierbarkeit der Ergebnisse sprechen.

7.2 Ausblick

Im weiteren Verlauf müsste die Probenvorbereitung optimiert werden, so dass man ohne viele Verdünnungsschritte, bei allen Proben, sofort in den messbaren Bereich kommt. Danach könnte untersucht werden, ob man den Koffeingehalt auch in anderen Matrizes wie Kaffee, Energy-Drinks oder auch in Cola-Getränken nachweisen kann und auch reproduzierbare Ergebnisse erhält. So könnte das Koffein-Assay in der Qualitätskontrolle in Getränken eingesetzt werden, entweder zur Bestimmung des Koffeingehaltes oder auch zur Überprüfung der Entkoffeinierung in Tee und Kaffee.

8 Literaturverzeichnis

[1] Römpp Online Lexikon (2013): Coffein. URL: https://roempp.thieme.de/roempp4.0/do/data/RD-03-02269 [aufgerufen am 25.06.2015]

[2] Phytolab AG & Co KG (2015): Bestimmung von Koffein und Catechinderivaten in Tee, Tee-Extrakten und anderen pflanzlichen Zubereitungen.
URL:http://www.phytolab.com/index.php?id=1991&no_cache=1&sword_list[0]=koffein
[aufgerufen am 26.06.2015]

[3] delta AG: Life Science aus Berlin. URL:http://www.delta.de/content/view/18/30/
[aufgerufen am 03.08.2015]

[4] Lottspeich, Friedrich; Engels, Joachim W.; Lay, Solodkoff Zettlmeier : Bioanalytik. 3. Aufl. 2012. Heidelberg: Spektrum Akademischer Verlag, 2012.

[5] Schmidt, Werner: Optische Spektroskopie: Eine Einführung. New York: John Wiley & Sons, 2014.

[6] Andreas Willert (1995): Spektroskopische Untersuchungen am ionenspezifischen Farbstoff Fura-2 zum Nachweis von Manganionen. URL: https://www-user.tu-chemnitz.de/~awill/diplom/LIF.html
[aufgerufen am: 27.06.2015]

[7] Murphy, Kenneth M.; Travers, Paul; Walport, Mark; Mahlke, Kerstin; Seidler, Lothar ; Haußer-Siller, Ingrid: Janeway Immunologie. 7. Aufl. 2009. Heidelberg: Spektrum Akademischer Verlag, 2009.

[8] Holschbach, Martina (2013): Antikörper-Aufbau, Funktion und Anwendung.
URL:http://www.antikoerper-online.de/resources/16/1208/Antikrper/
[aufgerufen am 03.07.2015]

[9] Schütt, Christine; Bröker, Barbara: Grundwissen Immunologie. 3. Aufl. Berlin Heidelberg New York: Springer-Verlag, 2011.

[10] Raem, Arnold; Rauch, Peter: Immunoassays. 2006. Heidelberg: Spektrum Akademischer Verlag, 2006.

[11] Holtzhauer, Martin: Methoden in der Proteinanalytik. Berlin Heidelberg New York: Springer-Verlag, 2013.

[12] delta AG (2015), Bedienungsanleitung FP470 & LHW 03, Berlin: delta AG

[13] Fuchs, Chris: Antibody Titration. URL:http://regmed.musc.edu/flowcytometry/Titration.html [aufgerufen am 03.08.2015]

[14] AppliChem (2011): Immunoassay Puffer. URL:https://www.applichem.com/fileadmin/Broschueren/Immunoassay_Puffer_dt.pdf [aufgerufen am 03.08.2015]

[15] Dr. Schweikart, Jörg: Alkaloide: Koffein, Theobromin, Theophyllin im grünen und Schwarzen-Tee. URL:http://www.gruenertee.de/inhaltsstoffe/alkaloide-koffein-theobromin-theophyllin-gruener-schwarzer-tee/ [aufgerufen am 16.07.2015]

[16] Sigma-Aldrich (2015): (+)-Catechin. URL:http://www.sigmaaldrich.com/catalog/product/fluka/43412?lang=de&region=DE [aufgerufen am 03.08.2015]

[17] Dr. Bareis, Petra; Prof. Dr. Stehle, Stehle (2002): Human-Studien zur Bio-Verfügbarkeit von Catechinen URL:http://www.teeverband.de/wissenschaft/wit_texte_pdf/wit1-2002_02.pdf [aufgerufen am 16.07.2015]

[18] Rudolf, Dr. Matthias; Kuhlisch, Dr. Wiltrud: Biostatistik: Eine Einführung für Biowissenschaftler. 1. Aufl. Cambridge: Cambridge University Press, 2008.

[19] Dr. Kromidas: Validierung in der Analytik. URL:http://www.kromidas.de/Uploads/Dokumente/ValidierunginderAnalytik.pdf s. 7 [aufgerufen am 03.08.2015]